小祝政明の実践講座

2

有機栽培のイネつくり

きっちり多収で良食味

小祝政明 著
Koiwai Masaaki

農文協

はじめに

本書は、作物別有機栽培の単行本の第一弾である。

これまでイナ作の実用書というと、冬から春にかけて出版されることが多かった。イネつくりの構想を練るには、農閑期にあたるこの時期がちょうどよいからである。

しかし、私の勧めているイネの有機栽培（白い根イナ作）では、収穫後のイナワラやイナ株の分解を、田植えまでにできるだけ進めておくことがポイントになる。そのために、収穫後できるだけ早く、必要な資材を施用して耕耘しておきたい。

イネの有機栽培で成果を得るためには、前年の秋からの取組みが大切なのである。つまり、『イネの有機栽培は秋から始まる』のである。

このような事情から、イナ作の実用書を秋に出版し、一年目から有機栽培の成果を手にすることができるようにと考えたわけである。

有機栽培というと、「収量が上がらない」「倒伏が多い」「品質や食味もいまいち」というイメージが農家の中に少なからずあるように思う。ただ、「有機でないとコメが売れない時代」だから「有機」といっているけれど、実際は「おいしいコメを思いっきりたくさんとりたい」という欲求が農家の心の奥底にくすぶっているように思われてならない。

有機質肥料を使うから有機栽培なのではない。イネの有機栽培の理論に基づいて資材を選び、田んぼの土を改良し、イネの生育を見ながら施肥を組み立てていく。さらに地域の中で培ってきた技術や地域の特徴を組み込むことで、低収や倒伏を克服し、食味のよいコメをつくることができる。

このような方法論を土台に、各地の農家とともに実践を積み重ね、「おいしいコメを思いっきり多収したい」というイナ作農家の思いにこたえるべく、イネの有機栽培の考え方と実際を紹介したのが本書である。

本書は作物別有機栽培の「イナ作編」だが、先にまとめた『有機栽培の基礎と実際』『有機栽培の肥料と堆肥』と、あわせてお読みいただければ、得るものはより大きいと思う。

小祝　政明

二〇〇八年八月

目次

目次

目次

目次

第6章　水管理・病虫害管理の実際

図解

はじめての イネの有機栽培

これから私の考えている
イネの有機栽培について
説明します。
お相手はゆき子さんです
こんにちは。
お父さんがもうすぐ定年
なんで、有機でおコメを
つくろうと思ってます。
よろしくお願いします
小祝さん
ゆき子さん

※本書で使っている有機栽培の用語は，一般の農業書で使われていないものや，意味が異なるものもある。また，意味があいまいな用語もあると思う。そこで，巻末の付録として用語集を設けている。各章で初めて出てくる用語は**太字**になっているので，わからないときは巻末・用語集を参照されたい。

1日目

有機栽培のイネってどんなイネ?

小祝　さっそくだけど、ゆき子さんは「有機」って聞くとどんなことを思い浮かべるかな。

ゆき子　有機ねぇ〜。まず有機肥料やボカシ肥料、堆肥を使うやり方、それから微生物を使ってどうのこうのするって感じかな。

小祝　どうのこうの、ね。なるほど、じゃあ有機のイネってどういうイメージがあるだろう。有機じゃないイネとどこが違うんだろう。

ゆき子　どこが違うって……。隣町で**有機栽培**のイネっていうのを見たことあるけど、特別違いはなかったような……。そういわれると、どこが違うんだろう?

小祝　イネの有機栽培といってもいろいろなやり方があるから、一概にこうだとはいえないけど、私の考えている有機栽培では、根の様子がまったく違ってくる。

有機栽培のイネ　　　化成栽培のイネ

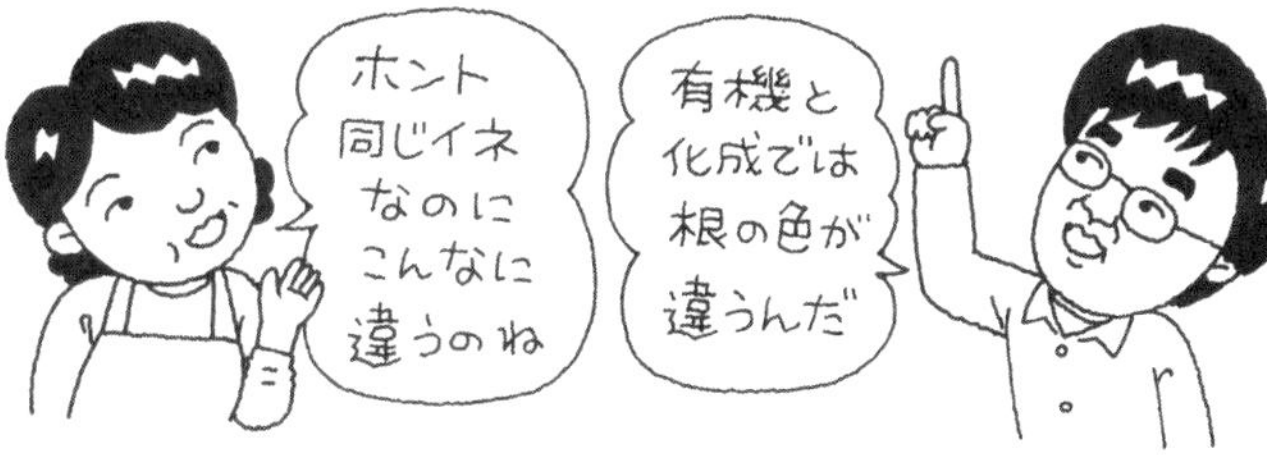

有機の根、化成の根

小祝　まず、この写真を見て、どう思う。

ゆき子　あれ、根の色が違う。左は白いのに、右は赤い。同じイネなの？

小祝　そう、同じ品種のイネ。だけど、左の**白い根**が有機栽培で育てたイネの根、右の赤い根が化学肥料などを使ってこれまでと同じように育てた**化成栽培**のイネの根。このほかに根ぐされしている黒い根もある。

ゆき子　へぇ～、いろいろな根があるんだ。みんな赤い色をしているのかと思っていたけど、アゼから見てるだけではわからないね。

小祝　私が勧めるのは左の白い根をもったイネつくり。赤い根のイネに比べて養分の吸収もいいので、おいしいコメをたくさん稔らせてくれる。

ゆき子　そう、私はそんなイネつくりを勉強したいの。よろしくお願いします。

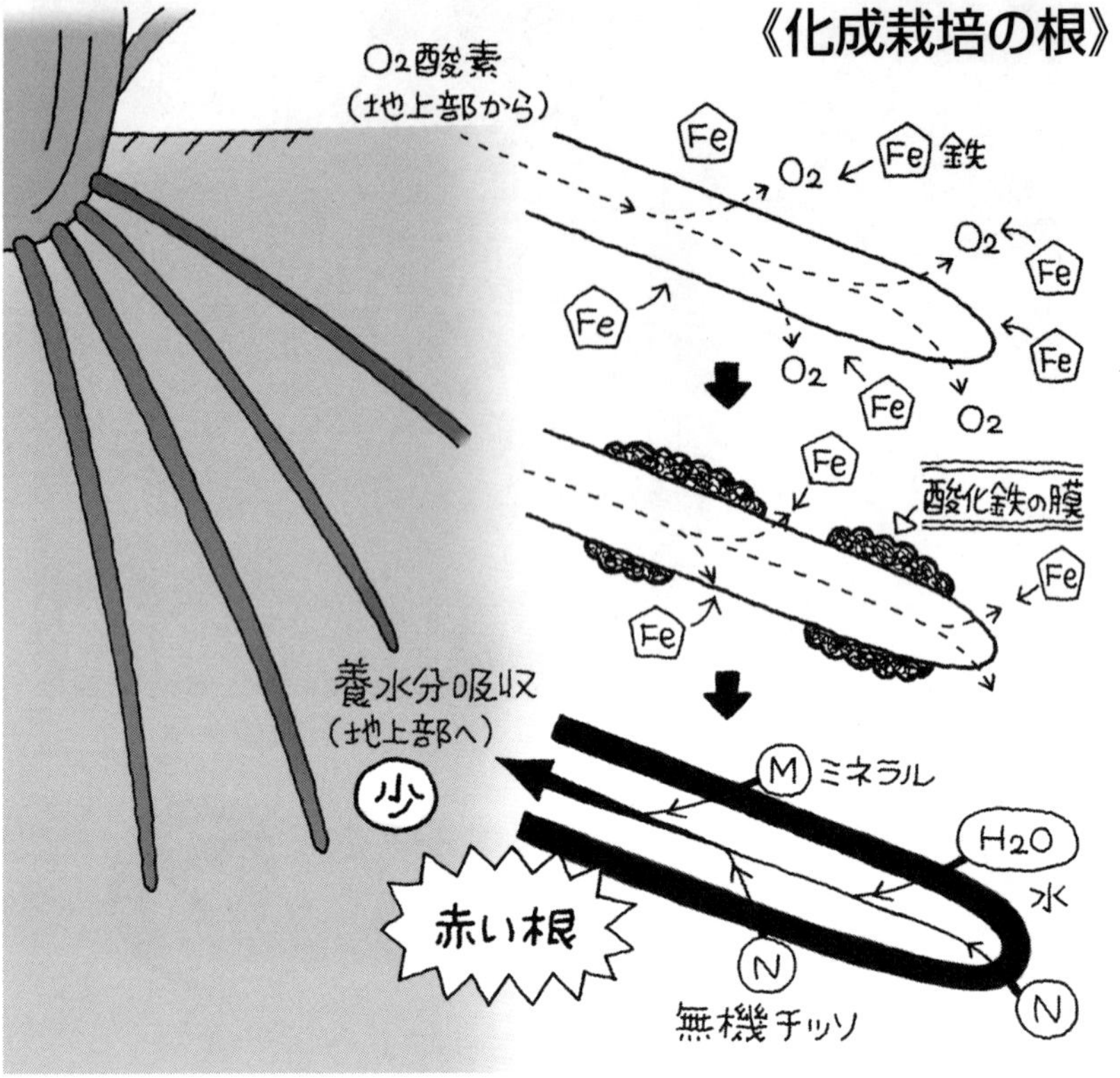

化成のイネの赤い根は鉄サビの色

小祝　ゆき子さんはこの化成の根の赤い色はなんだと思う？

ゆき子　なんで赤いんだろう？

小祝　苗の頃は根は白い。それが、だんだん生長するにつれて赤くなってくるんだけど、この赤い色の正体は、いってみれば「鉄のサビ」なんだ。

ゆき子　えっ、鉄のサビ！　だから赤い？

小祝　田んぼでは、土の酸性が強いと、鉄がたくさん溶け出してくる。その鉄が、イネの根に地上部から送られてきた酸素と結びついて（酸化されて）、サビとなって根のまわりに薄皮のように張り付く。だから赤くなる。

ゆき子　鉄サビとなって、根に張り付いているのね。でもそれっていいことなの？

小祝　養水分を吸収する役割の根にしたら、いい迷惑だよね。

ゆき子　養分の吸収が少ないってこと？

《有機栽培の根》

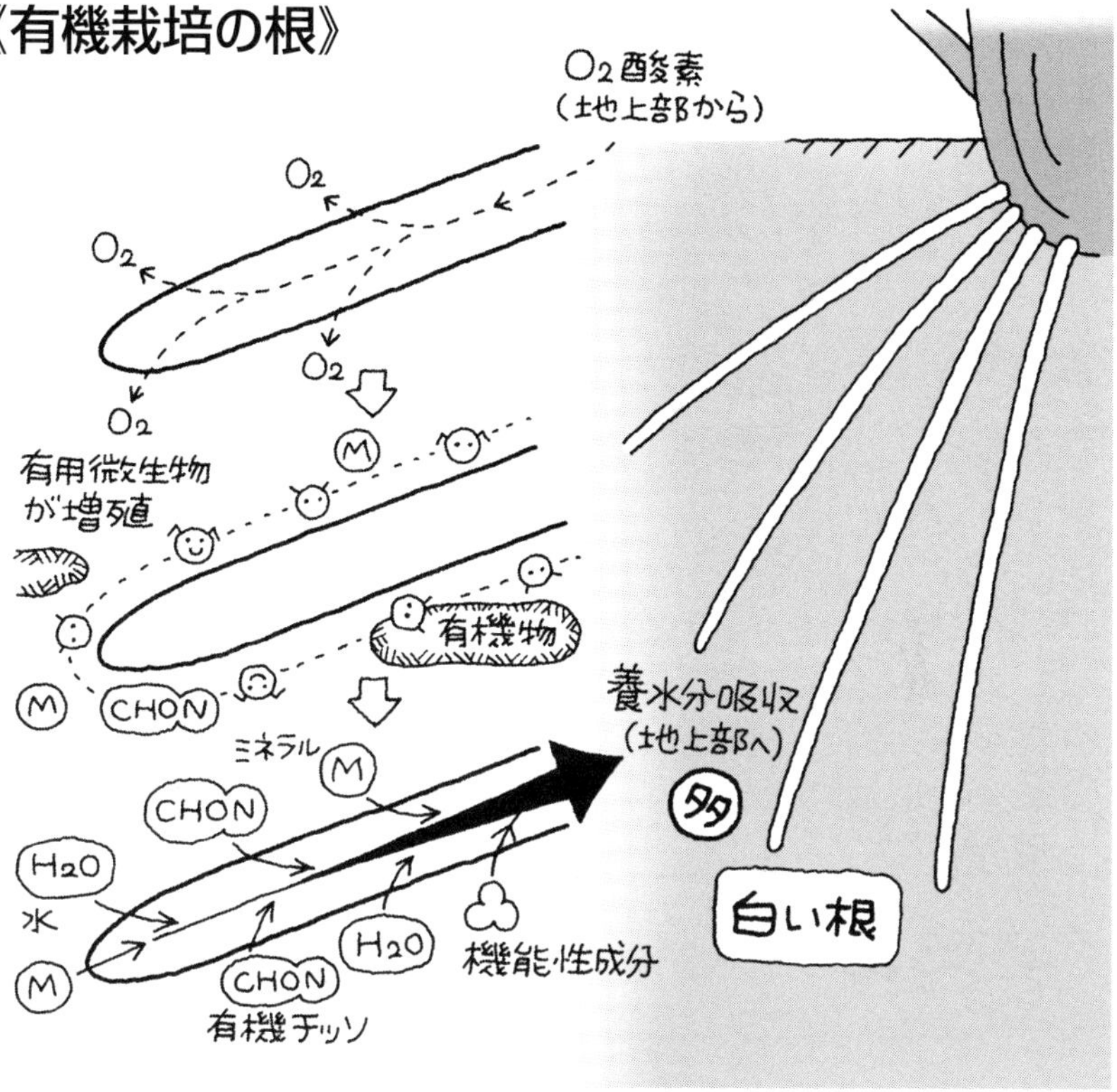

白い根をもつイネのメリット

小祝　ふつうの栽培のしかただと、どうしても根に赤サビが張り付いてしまう。その点、私の勧めている有機栽培では根は白いままだから、養水分の吸収もいい。

ゆき子　だから、収量や品質がいいのね?

小祝　それに、地上部から送られてきた酸素が鉄と化合しないから、根のまわりには有用微生物が増殖する。有機物を分解してイネに有益な物質（機能性成分）をつくってくれる。それが有機のコメの味のよさにつながったり、お天気の悪い年にも品質の高いコメをつくりだしてくれる理由のひとつになっていると思うんだ。

ゆき子　そうすると、赤い根をもっているイネはダメってことか。

小祝　いや、ことはそう簡単じゃないんだ。根が赤いのには理由があるんだ。

ゆき子　理由って?

《有機vs化成 根の比較》

白い根		赤い根
◎養水分の吸収に優れる ◎根まわりに有用微生物が増殖している	長所	◎硫化水素から根を守る
×硫化水素から身を守ることができない	短所	△養水分の吸収が抑制される

赤い根、白い根の長所・短所

小祝　根のまわりが赤いのは鉄サビだといったけど、この鉄サビはイネの根を守るヨロイのような役割をしてるんだ。

ゆき子　サビのヨロイで役に立つの？

小祝　田んぼの中は空気が少ないから、ワラがたくさん入ったようなところでは、イネの大敵である**硫化水素**が発生することがある。これに見舞われるとイネの根は黒く腐ってしまう。ところが根のまわりに赤い鉄サビがあると、この毒ガスの影響を押しとどめることができる。

ゆき子　だから「根を守るヨロイ」か。

小祝　しかし、白い根のイネはそのヨロイがない。硫化水素という毒ガスにはまったく無防備で、あっという間にやられてしまう。

ゆき子　白い根の弱点ってわけね。

小祝　そう。赤い根、白い根の長所と短所をまとめると、上の表のようになる。

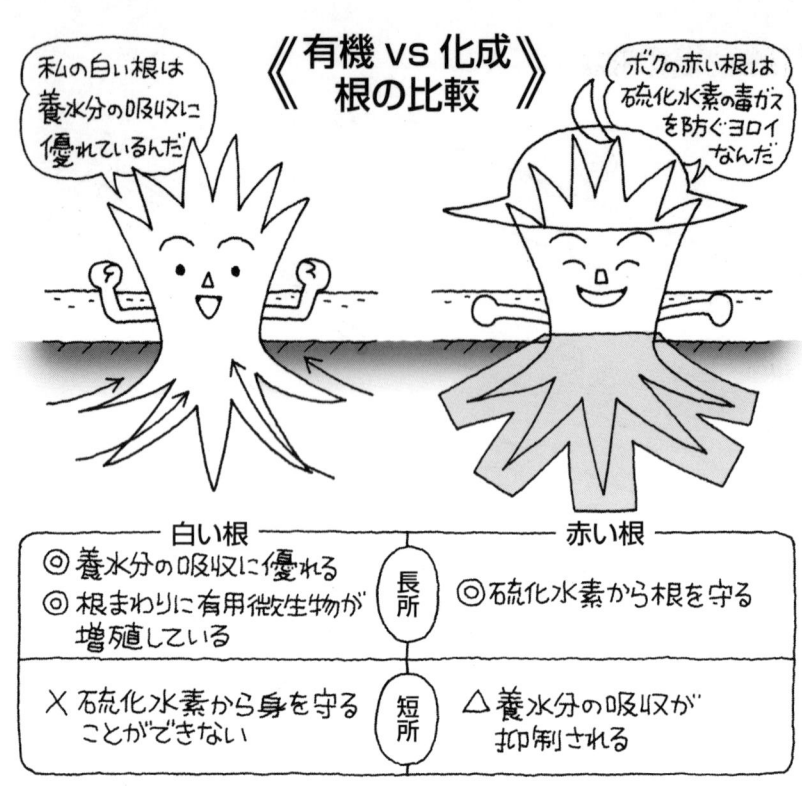

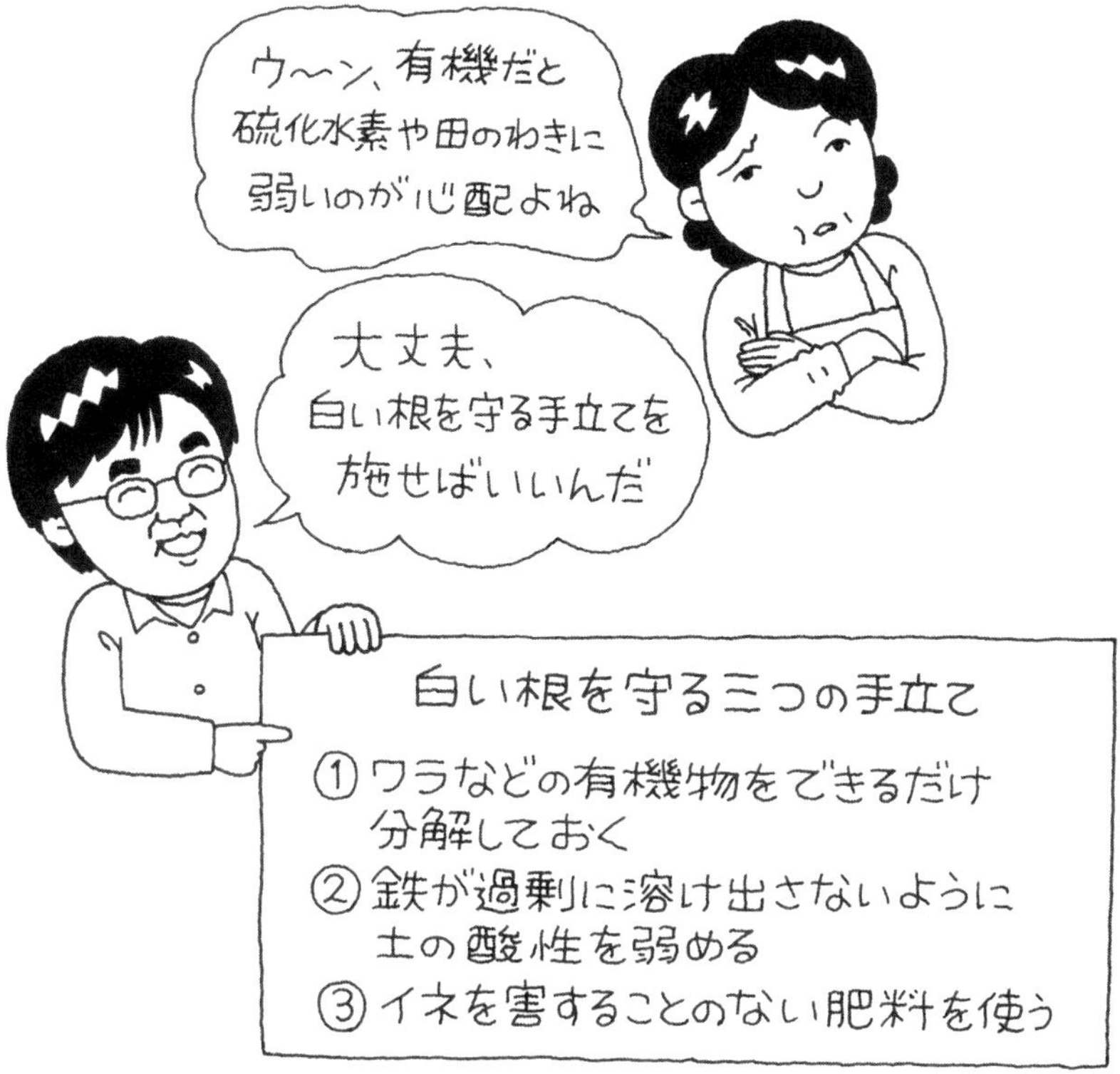

白い根のよさを生かす三つの前提

ゆき子　うーん、白い根は、なんかひ弱な感じで、ちょっと心配だな。

小祝　でも大丈夫、毒ガスからイネを守る手立て、白い根の力が十分に発揮できるような仕組みをつくっておけばいいんだ。

ゆき子　その仕組みってどんなこと？

小祝　次の三つが前提になるかな。

①毒ガスの発生源であるワラなどの有機物をできるだけ分解しておく

②鉄が過剰に溶け出さないように土の酸性を弱める

③イネを害することのない肥料・微生物を利用する

この三つをしっかり手当てすることができれば、毒ガスの発生は抑えられ、白い根の能力・機能が十分に発揮されて、イネはおいしいおコメをたくさん稔らせてくれる。

順に説明していこう。

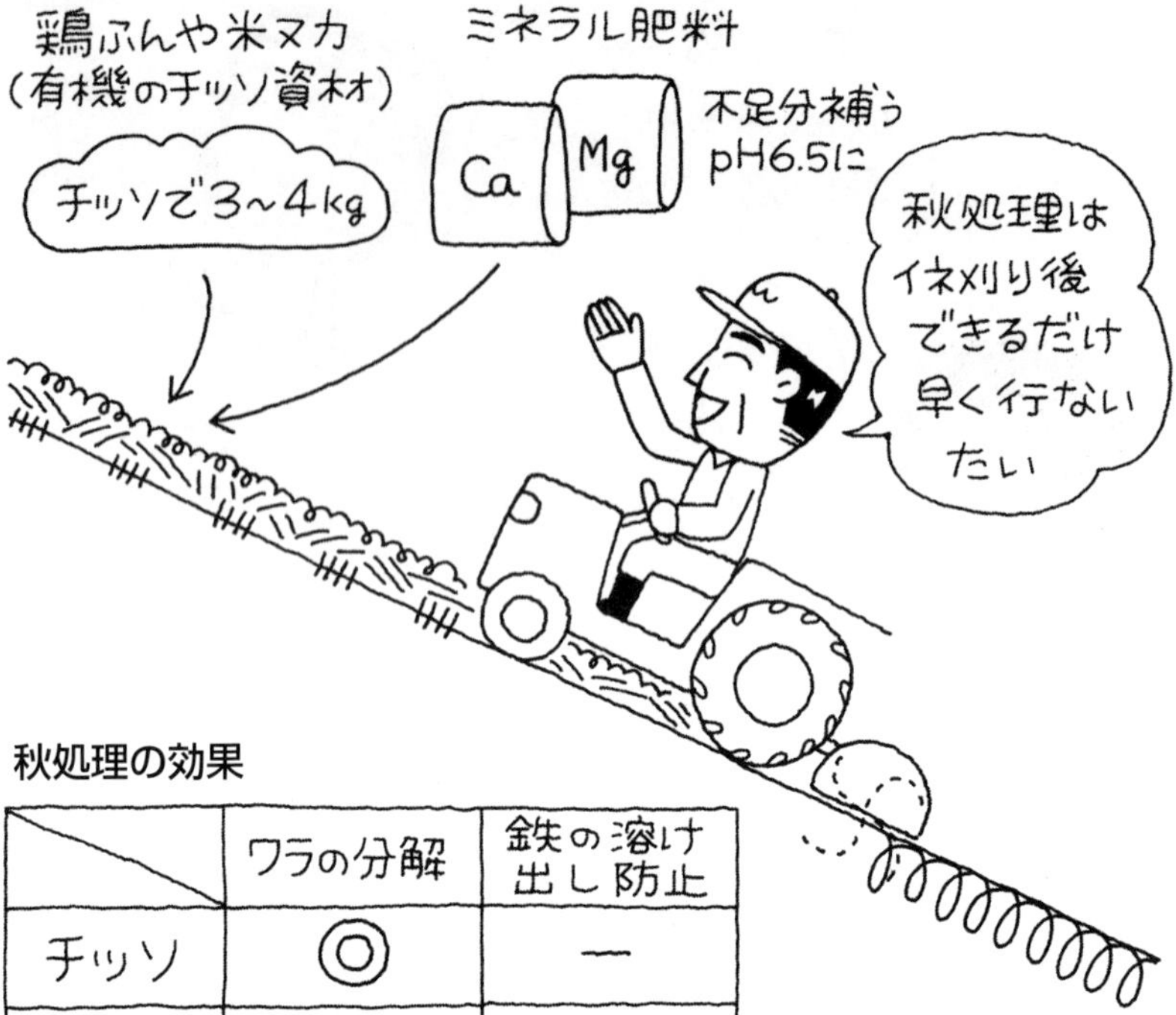

秋処理の効果

	ワラの分解	鉄の溶け出し防止
チッソ	◎	―
ミネラル	○	◎

秋処理のやり方

小祝　収穫作業で出たワラの上に、米ヌカや**ミネラル肥料**をふって、耕耘することを「**秋処理**」と呼んでいるんだけど、そのねらいは、ワラの分解を進めることと土の酸性を適正にすることなんだ。さっきの①と②を同時に行なう作業になる。

ゆき子　秋起こしのことね。

小祝　ワラの分解が進むようにチッソ成分で三〜四kgを施す。鶏ふんや米ヌカだと一〇〇〜一五〇kgくらいになるかな。同時に土壌分析をして、不足している**ミネラル**分を補って、pHが六・五になるようにミネラル肥料を施用しておく。ミネラルの施用は、ワラの分解を進める効果もあるんだ。

ゆき子　なるほど。

小祝　ワラなどの有機物の分解には時間がかかるので、できれば、イネを収穫したらすぐに行ないたい。

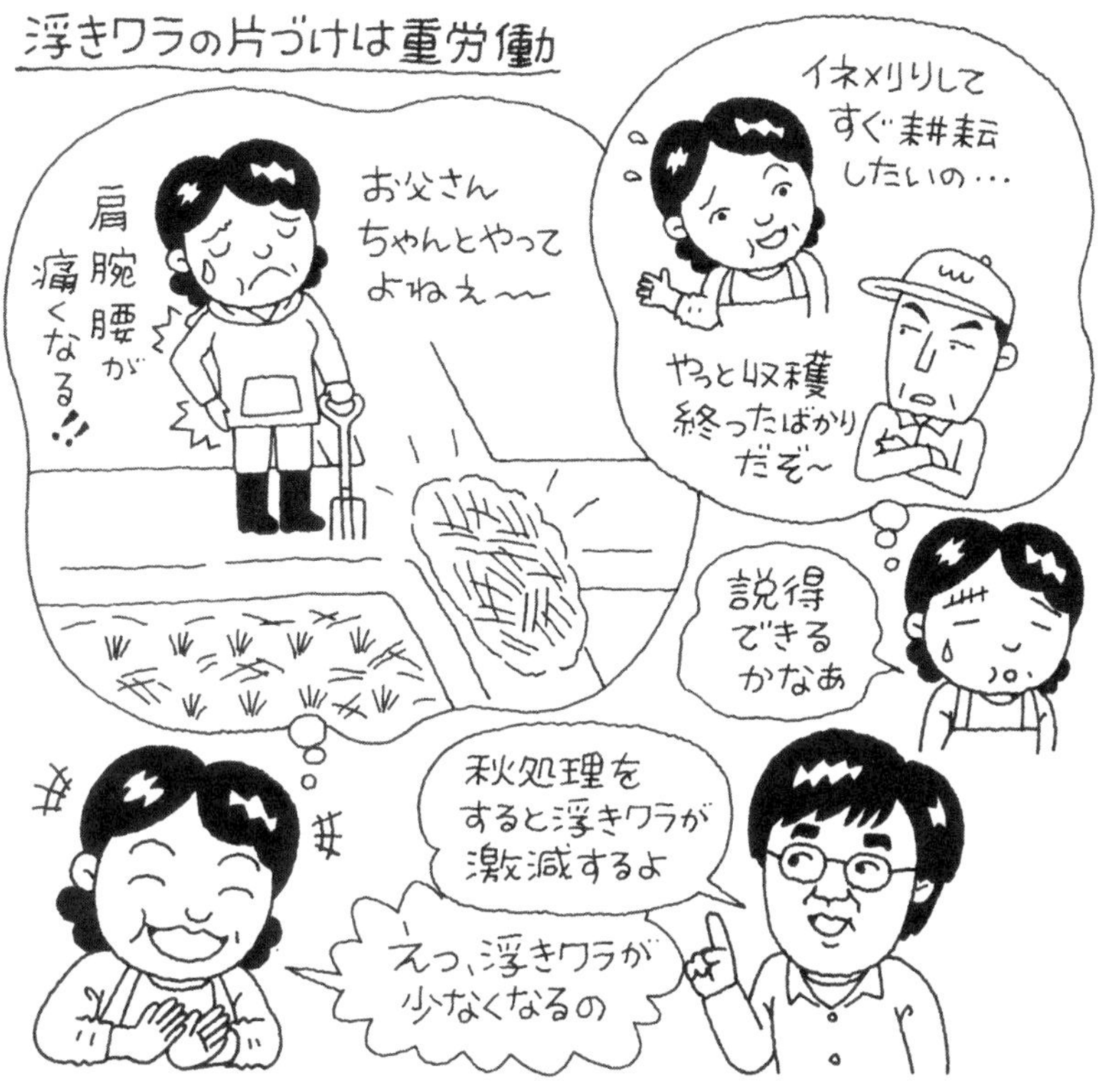

秋処理で浮きワラが大幅に減る

ゆき子 ちょ、ちょっと待ってよ。イネを収穫したらすぐっていっても……。

小祝 イネ刈り後、まだ地温が高いうちに耕耘してワラの分解を進めておきたいんだ。

ゆき子 お父さんを説得できるかなぁ?

小祝 ワラの分解を進めておくと、いいこともあるんだけどな。

ゆき子 いいことって……?

小祝 代かきや田植えのあと、田んぼの隅に浮きワラが寄ってしまって、片付けるのにたいへんだよね。

ゆき子 そうなのよ。肩や腕、腰、もう痛いところだらけ。お父さんのやり方が下手だからって、いつもケンカになるの。

小祝 ワラの分解が進むと、その浮きワラが大幅に減るっていってもやらない?

ゆき子 ホントー! それなら何としても、お父さんを説得しなくっちゃ。

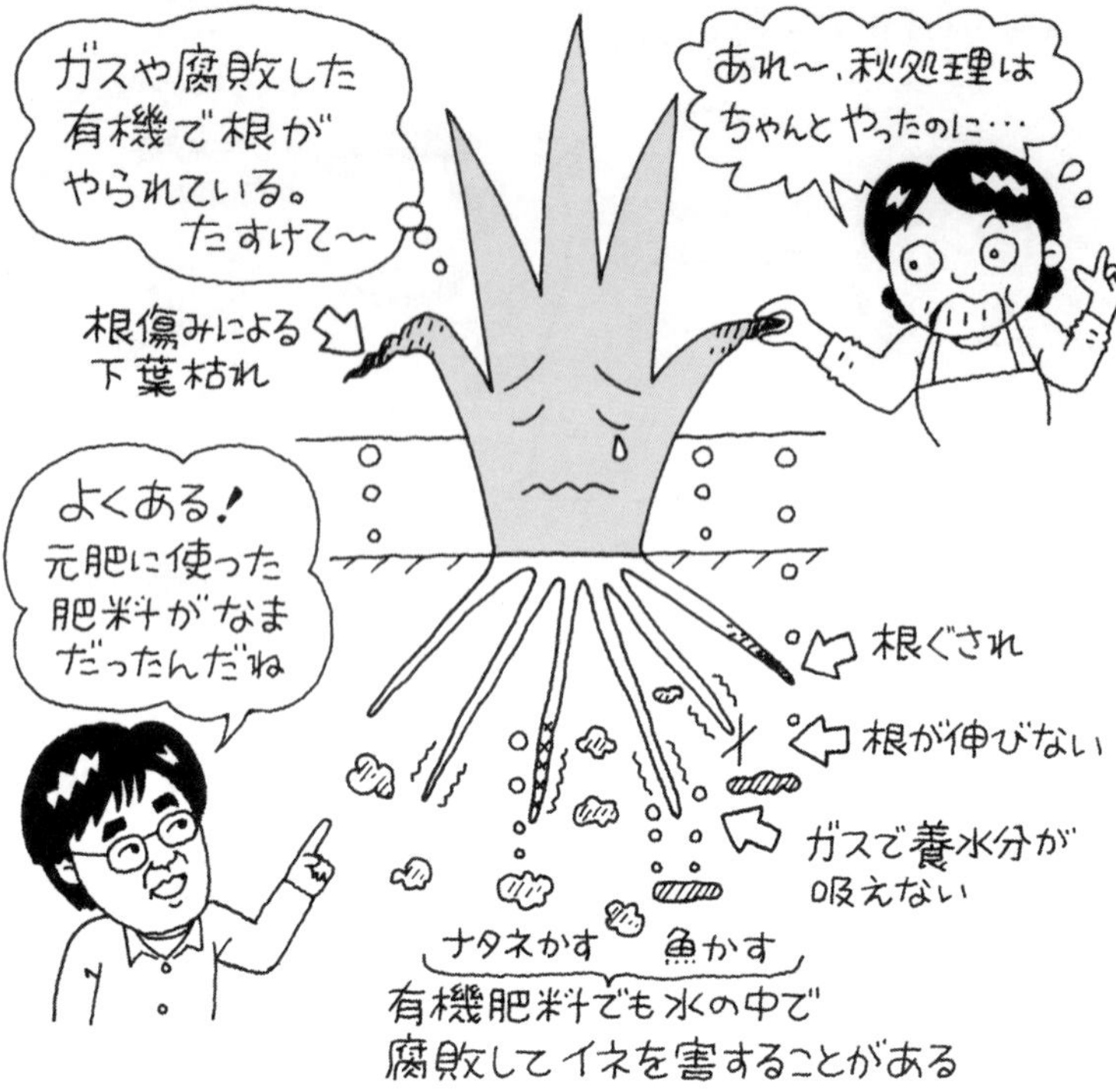

田んぼでは有機の肥料は腐敗しやすい

小祝　もうひとつ、イネの根を守る手立てで大切なのが、使う肥料なんだ。

ゆき子　えっ、有機栽培って、有機質の肥料を使えばいいんじゃないの。

小祝　いやいや、使う肥料によってはイネに害になることもあるんだ。

ゆき子　どういうことなの。

小祝　それは、水を張っている田んぼでは空気が少ないために、有機質の肥料が**腐敗**しやすいからなんだ。

ゆき子　ナタネかすや魚かすを元肥で使おうと思ってたけど……。

小祝　それでは根を傷めるようなものだね。なまの有機質だけでなく、ボカシ肥のような**発酵**肥料でも、まだ未分解の有機質が残っているから、その有機質が腐敗して根を傷めることがあるんだ。

ゆき子　じゃあ、どんな肥料を使えばいいの。

お勧めの発酵肥料

	田んぼ用	畑　用
主体となる菌	酵母菌	バチルス菌など
におい	みそ・しょう油	干し納豆
チッソ肥効以外のねらい	ミネラルの吸収促進（有機酸によるキレート効果）	カビの抑制（好気性菌による抗菌効果）

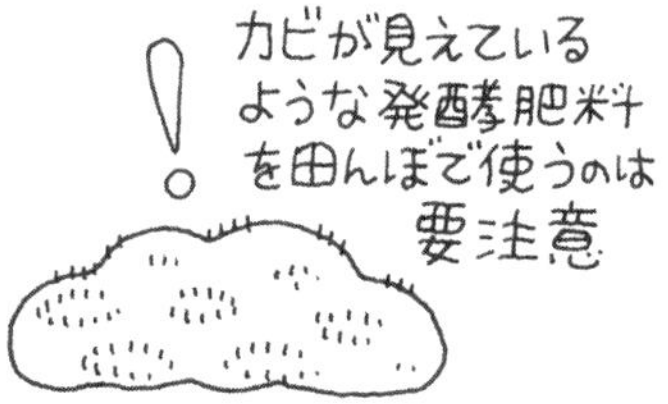

腐敗しにくい肥料を使う

小祝　私の勧める有機栽培では、有機のチッソ肥料のことを「**アミノ酸肥料**」と呼んでいる。そのアミノ酸肥料でも酵母菌によって発酵を進めたものが田んぼには適していると考えている。

ゆき子　「田んぼには」ってことは、田んぼと畑で、適している有機肥料が違うってこと？

小祝　畑と田んぼとはまったく違う環境だからね。

ゆき子　ふーん、何か奥が深いんだ。

小祝　酵母菌というのはみそやしょう油をつくる微生物で、活躍する場は田んぼと似た水分の多い環境だよね。そんな微生物の力を借りてつくった発酵肥料を使うことが大切なことなんだ。

ゆき子　なるほどね。みそ・しょう油つくりと有機栽培とはよく似ているんだ。お父さんにも説明してみる。

2日目

お父さんから疑問の声

ゆき子　こんにちは……。

小祝　あれ、ちょっと元気がないね。

ゆき子　そうなの、お父さんに話したら、「イネは酸性が好きなのに、田んぼのpHを六・五にするなんて聞いたことない」「**ケイ酸植物**っていうのは聞いたことあるけど、田んぼに石灰や苦土を入れるなんて初耳だ」っていうの。

小祝　なるほど。お父さんのようにいう人はけっこう多いんだ。でも有機のイネつくりに取り組んで一〇年以上になるけど、「イネは酸性が好き」「石灰や苦土は不要」というのは一面的な見方だということがはっきりしてきたんだ。

ゆき子　その辺のところ、もう少し詳しく教えてほしいな。せっかく浮きワラを片付ける苦労がいらなくなるかと思ったのに、お父さんを説得できないとねぇ……。

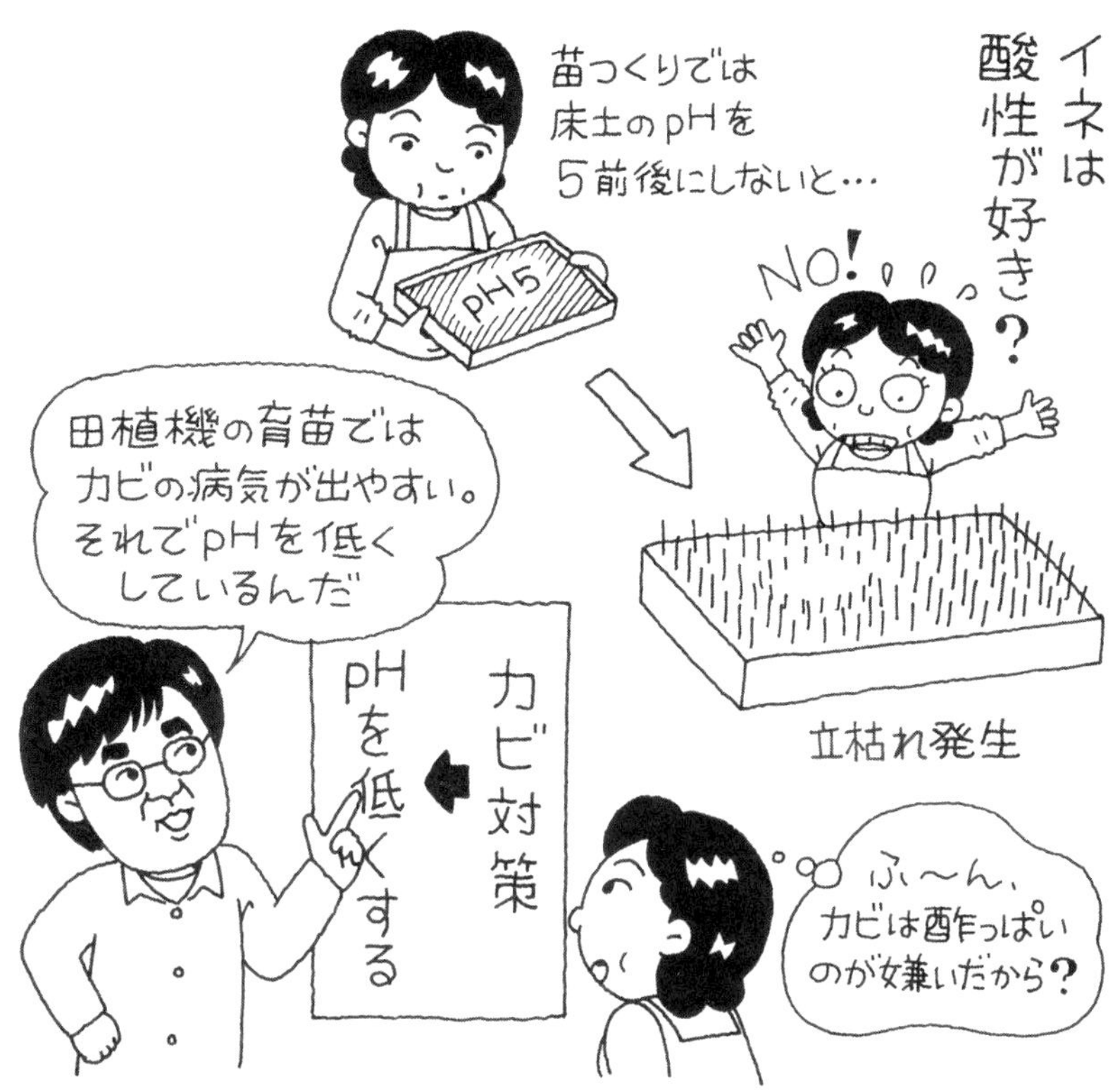

床土はpH五前後にするけど……

小祝　まず、ゆき子さん、イネは酸性が好きっていうことなんだけど、実感はある?

ゆき子　苗つくりのときかな。おじいちゃんがよく、「昔はホウレンソウのタネをまいて、発芽しないような土を使ったもんだ」って、口癖のようにいってた。

小祝　なるほど、ホウレンソウが発芽しないような酸性の土を使え、ということだね。床土のpH調整を怠ると、立枯れ病などのカビの病気が発生してしまうからね。

ゆき子　やっぱり酸性のほうがいい?

小祝　いや、床土を酸性にするのは、カビ対策の面が大きいと思う。でも有機栽培では別の方法をとるから、pHを低くする必要はない。というか、石灰や苦土を混ぜて、イネにとって適切なpHにしているんだ。だから強いていえばイネは「pHが六・五くらいの弱酸性が好き」ということになるかな。

ケイ酸は好きだけど……

ゆき子　もうひとつ、イネはケイ酸植物で、石灰や苦土はいらないっていうのは?

小祝　「イネはケイ酸植物」ということは間違いじゃない。イネの葉で手が切れるのは、葉の表面がケイ酸でガラスコーティングされているから。イネはそのケイ酸で病害虫から身を守っている。ケイ酸はイネにとっては必要不可欠な養分でもある。

ゆき子　お父さんのいったことは正しい。

小祝　そう。でも、イネに石灰や苦土は必要ない、ということではないんだ。

ゆき子　どっちも必要ということ?

小祝　私が石灰を強調するのは、細胞膜をきちんとつくるために欠かせない養分だからなんだ。根は土の中を伸びていくわけだけど、表面にはケイ酸のようなものはない。細胞膜が強くないと硬い土の中にしっかりと根を張ることができないからね。

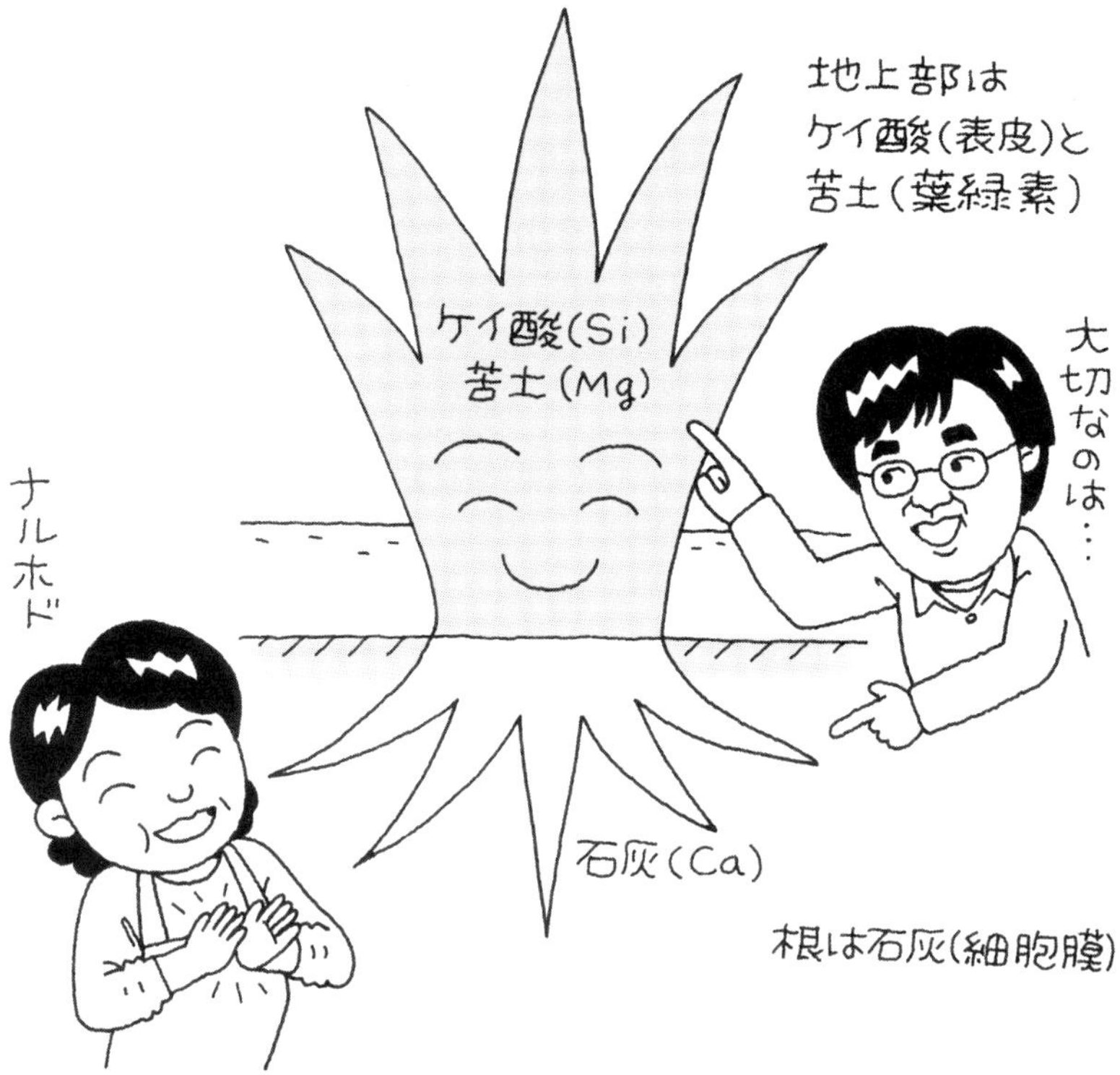

地上部はケイ酸・苦土、根は石灰

ゆき子　「ケイ酸植物だからケイ酸以外は必要ないってわけじゃない」ってことね。

小祝　そういうことだね。エイヤッと分けてしまえば、地上部はケイ酸と苦土、根っこは石灰が大切、ということになるね。

ゆき子　上がケイ酸と苦土で、下が石灰か。

小祝　イネの葉はケイ酸のガラスコーティングで病害虫から身を守り、苦土を中心にした**葉緑素**で**光合成**を行なっている。根は石灰で細胞膜を強くして、イネのからだを支え、硬い土の中に根を伸ばして必要な養分を吸収するという構図かな。

ゆき子　いろいろなミネラルが必要なんだ。

小祝　石灰（と苦土）は㏗を改善する効果も高いし、ワラを分解する助けにもなる。浮きワラも少なくする。これまでイネつくりではあまり注目されてこなかったけど、有機栽培の要となるミネラルなんだ。

《有機栽培のメリットって何？》

有機栽培のメリット

ゆき子　それで今日は、お父さんを説得するために、有機栽培のメリットについて聞いておきたいんだけど。

小祝　ゆき子さんは有機栽培にはどんなメリットがあると思う。

ゆき子　そうね、農薬を使わないこと、有機だとおコメが高く売れること、かな。

小祝　はは、なかなか現実的だね。もちろんそういうことも結果として実現できるけど、有機栽培から見ると次の三つのメリットがある。

▼生育が安定する
▼品質・食味が向上する
▼多収できる

ゆき子　なんか、いいことずくめで、かえって心配だな。

小祝　そう見えるのも無理はないかもしれないね。でも、有機栽培の考え方を知ってもらえば納得できると思うよ。

有機栽培を支える炭水化物とミネラル

ゆき子　有機栽培の考え方って？

小祝　有機栽培では、ワラなどの有機物の分解を進めて、根に障害が出ないようにする。同時にpHの改善と必要な養分補給のためにミネラルを施用する。これが秋処理のねらいだね。さらに、チッソ肥料としてはアミノ酸肥料を使う。

ゆき子　一日目に教えてもらったことね。

小祝　このような作業や手立てによって、田植え頃には、有機栽培の田んぼは化成栽培とはまったく違う田んぼになっている。

ゆき子　何が違ってくるの？

小祝　イネに利用できる**炭水化物**とミネラルの「量」。この二つが十分にあることで、有機のイネは強い育ちをして、多くの稔りをもたらしてくれるんだ。

ゆき子　生育が変わるほど違ってくるの？

小祝　順に説明しよう。

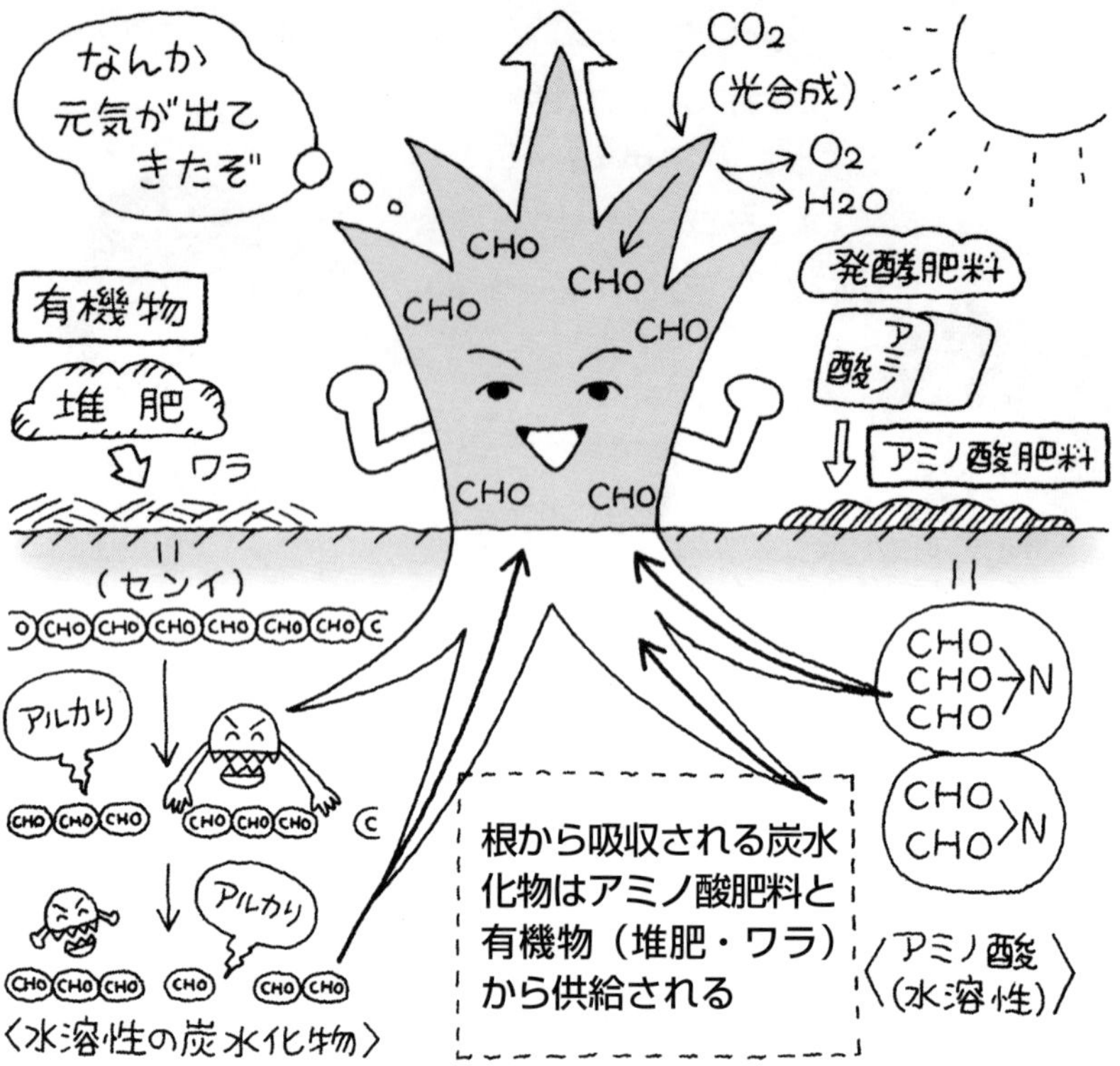

豊富な炭水化物を根から吸収する

ゆき子　あの、炭水化物って……？

小祝　イネが光合成でつくる、からだをつくる原料や生命活動のエネルギー源になる物質のこと。糖やデンプンも炭水化物だし、ワラなどのセンイは、この炭水化物が直鎖状に連なってできているんだ。

ゆき子　炭水化物が基本ってことね。

小祝　有機の田んぼでは、この炭水化物がワラ、堆肥、アミノ酸肥料から供給される。そして微生物やミネラルの作用で、小さい分子となり、水溶性炭水化物になる。

ゆき子　水に溶けるってこと？

小祝　そこが肝心で、水溶性であればその炭水化物をイネは吸収して利用することができる。つまり、イネは光合成だけでなく、根からも炭水化物を得ることができる。

ゆき子　あっ、その炭水化物を使えるから、有機のメリットが実現できるってわけね。

《ミネラルの役割（一部）》

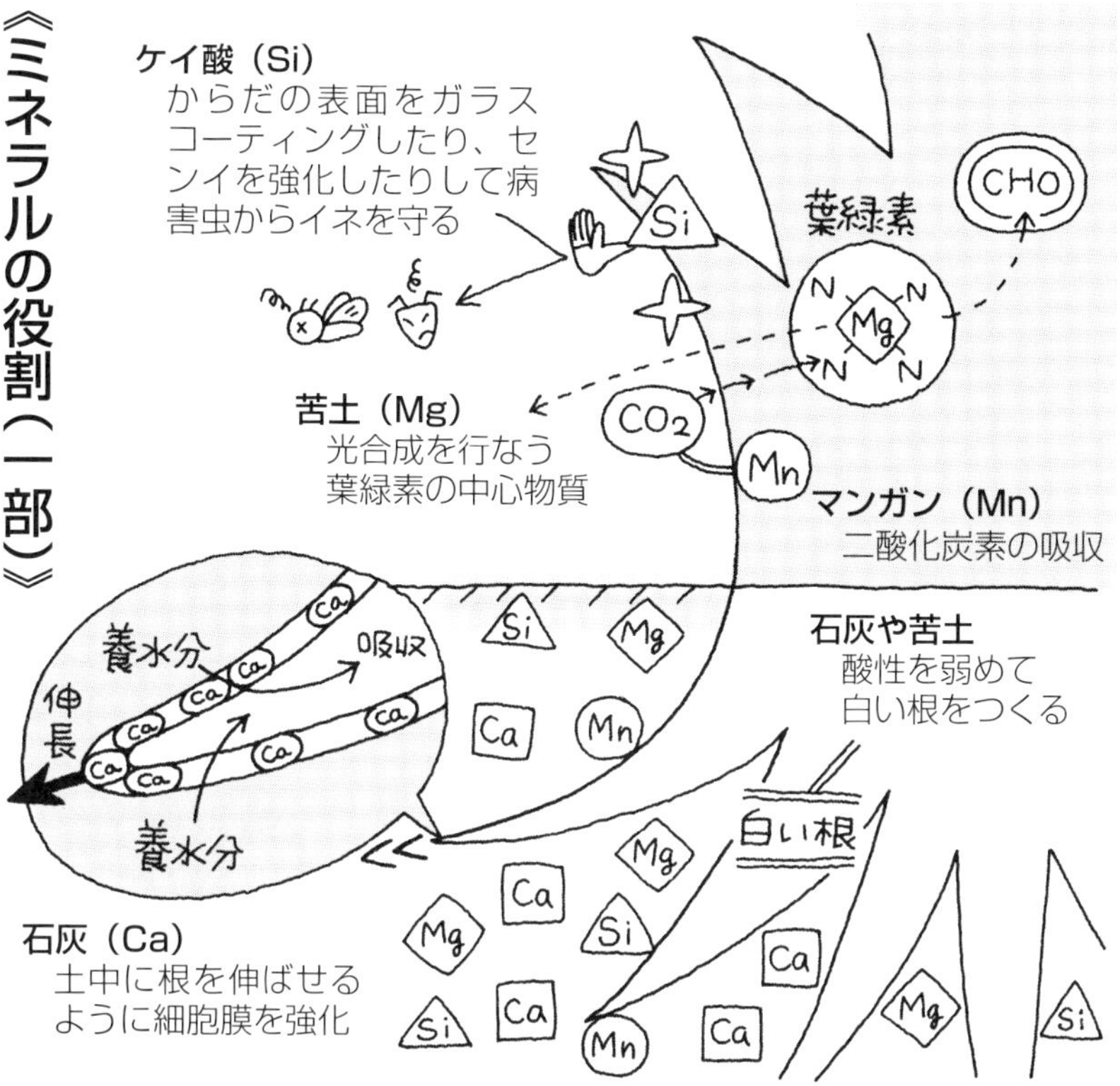

利用できるミネラルが十分にあること

ゆき子　ミネラルも多くなってくるのね。

小祝　ミネラルはイネのからだの原料にもなるけど、からだの中のいろいろな化学変化に**酵素**として関わっている。ミネラルが十分ないと、イネの能力や機能が発揮されずに、変調をきたしてしまうんだ。

ゆき子　秋処理で使うから多くなるのね。

小祝　化成栽培に比べるとかなり多く施用するからね。でも、春までに、吸収されやすい形になっていないとダメなんだ。

ゆき子　炭水化物同様、水溶性にするのね。

小祝　正解。有機栽培では、有機物の分解を進めてできる有機酸や施用したアミノ酸肥料の**アミノ酸**がミネラルと**キレート**をつくるから、より吸収されやすくなるんだ。

　ミネラルが十分あるから、イネはいろいろなストレスを受けても、本来の能力・機能をしっかり発揮することができるんだ。

《分けつのとれ方を比べてみた》

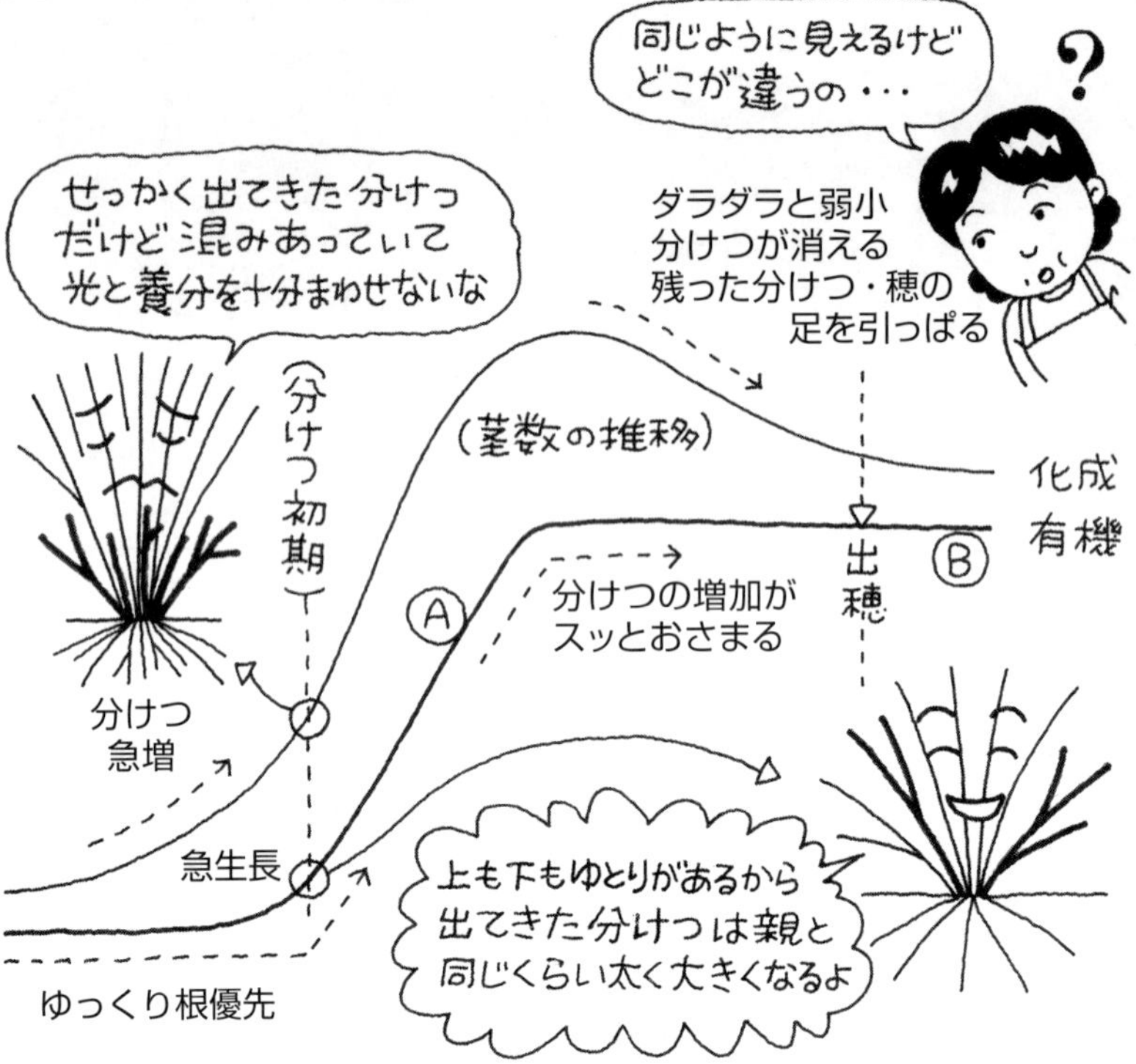

有機のイネの生育

ゆき子　有機栽培でイネの能力が十分発揮されると、どんな生育をするの。

小祝　そうだね、有機のイネ姿がどんなものか、簡単に紹介しておこうか。

ゆき子　お願いします。

小祝　有機のイネは、当初は葉幅はあっても草丈が短いので、ずんぐりした姿に見える。分けつの発生は遅い感じなんだけど、代わりに、根を伸ばしている姿だね。

ゆき子　地上部より根っこを先に伸ばしていくのね。

小祝　ところが、分けつがとれはじめると一気に急生長。それまで伸ばした根で養水分を吸収、分けつの一本一本が太い。そして株全体が扇形に開張するのが特徴。

ゆき子　ずんぐりむっくりから扇形に変身するのね。

小祝　そして、一株二四～二五本になると、分

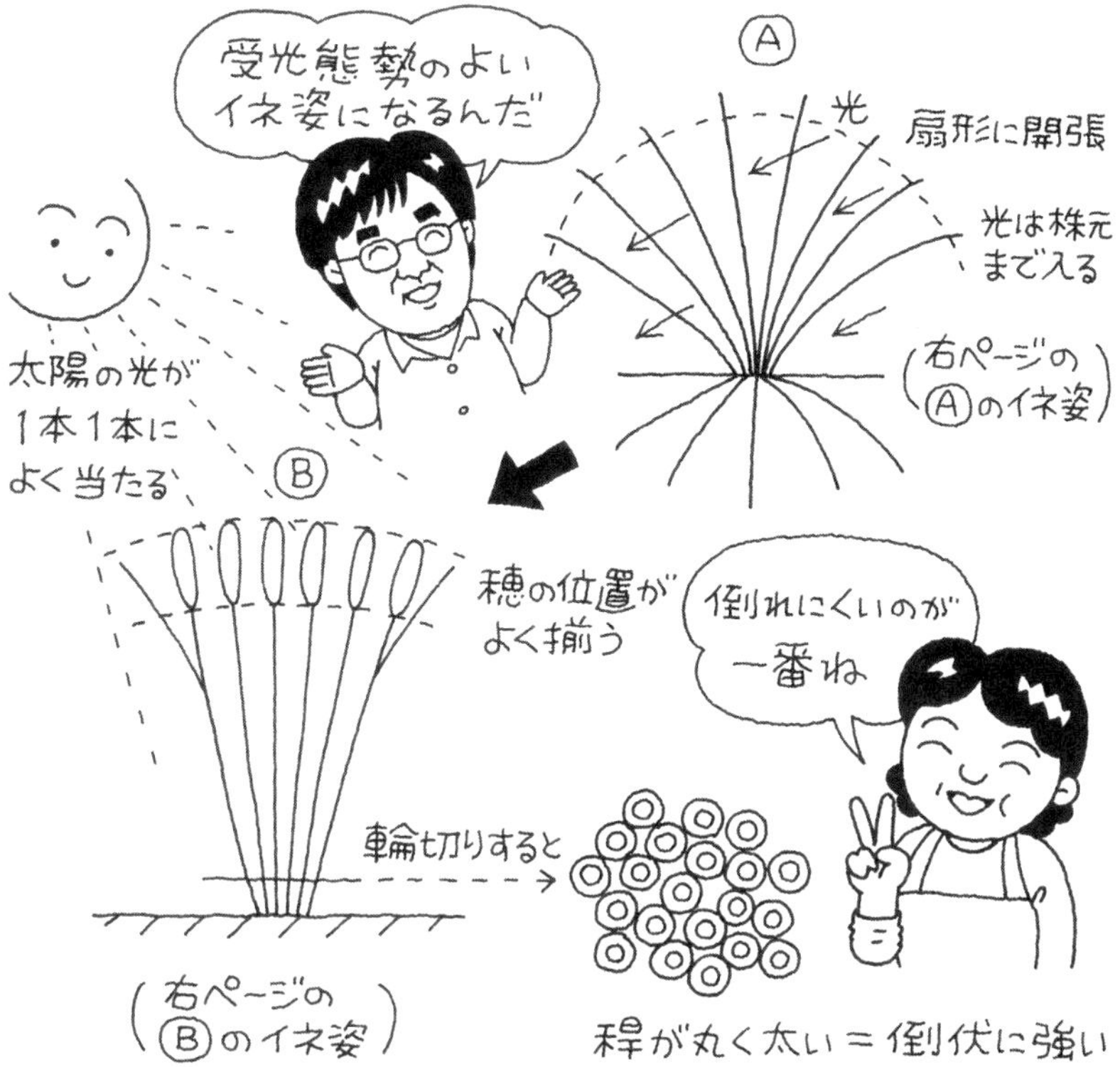

けつの増加がスッとおさまる。**有効茎歩合**が高いのが有機の特徴だね。

ゆき子　どんな田んぼでもそうなの？

小祝　元肥を多くやりすぎたり、根傷みしてはダメ。元肥を田んぼの力にあわせて施用することで、有効茎歩合を高くできる。問題は、田んぼの力の見きわめ方だね。これは簡単な方法があるからあとで説明しよう。

ゆき子　無駄な分けつが少ないのね。

小祝　そう。無駄が少ないので、分けつ一本一本への養分の配分も多くなり、株が開張しているから株元にも光が当たる。各分けつが同じように充実するので、よく揃うというわけなんだ。

節間は丸くて太い。炭水化物が光合成と土から供給され、それがセンイをつくってくれるからだろうね。もちろん倒伏に強い。

ゆき子　倒伏に強いのが、一番よね。

小祝　穂の位置がよく揃っていて、穂長も長く、登熟がいいんだ。穂肥をきちんとやると、プリプリのおいしいおコメになる。

有機が広がらない理由

ゆき子　いいことばかりなのに、なんで有機栽培が広がらないのかな？

小祝　そうだね。広がらない理由はズバリ、収量・品質が上がらないからだろうね。

ゆき子　えーっ！、ここまでの話はデタラメ!?

小祝　そう、あわてない。収量・品質が上がらない理由を、ここでおさらいしておこうか。お父さんの説得にも役立つから。

①イネに必要な石灰や苦土が忘れられてきた（イネには不要と思われていた）こと

②赤い根では養分を十分吸収できない、ということに気づかなかったこと（白い根のよさを知らなかったし、白い根にする術を知らなかった）

③資材は水に溶けるようになってはじめてイネに吸収・利用されるということを忘れていたこと

理由は大きく、この三つかな。

《有機栽培、こんな思い違い》

有機でやってるけどなかなかうまくいかないんだ。でも、まあこんなもんだろう
使ってる資材はちゃんとイネに吸われてるのかな?
えっ、そんなこと当たり前だろ
石灰や苦土はやっている?
・・・・そんなのイネに必要ないだろ
根っこはいつまでも白い?
えっ・・・・
ウ〜ン、いままでの「常識」にとらわれているなぁ・・・
変なこという人だな
有機栽培農家

有機についての思い違い

ゆき子　うーん、そういえば、この有機のイネつくりっていままでの「常識」と違うよね。うちのお父さんだって、田んぼに石灰や苦土を入れるっていったら目を丸くしていたし、イネの根は時間が経てば赤くなっていくもんだと思っていたと思うな。化成肥料は水に溶けやすいのは当たり前だから、有機の資材が溶ける溶けないなんて考えたこともないかもしれない。

小祝　思い込みを修正するのはむずかしい。有機栽培でうまくいってないという人と話すと「有機の資材をやっていればそれでいい」って人が多い。「その有機の資材はちゃんとイネに吸われているんですか」って聞くと、目を白黒する。有機栽培を成功させるには、化成での思い込み・常識をカッコに入れて取り組むことが大事なんだ。

ゆき子　わかった、お父さんに話してみる。

3日目

施肥の方法

ゆき子　こんにちは。

小祝　おっ、その顔はOKになったね。

ゆき子　ためしに何枚かやってもいいって。それで今日は、肥料のやり方について聞きたいんだけど。

小祝　わかりました。肥料のやり方は有機栽培でも元肥＋穂肥だから、この点は化成と同じだね。

ゆき子　コシヒカリの場合、元肥のチッソ量はどのくらいやればいいのかな。

小祝　そうだね、一年目の元肥のチッソ量は六〜七kgくらいかな。イネの生育を見て、二年目から手直しをしていく……

ゆき子　ちょ、ちょっと待って。六〜七kgって、多くない？　コシヒカリを倒しちゃうんじゃ……。

小祝　ははは、大丈夫、大丈夫。けっして多くはないんだ。

《チッソの量はミネラルとのバランスで決める》

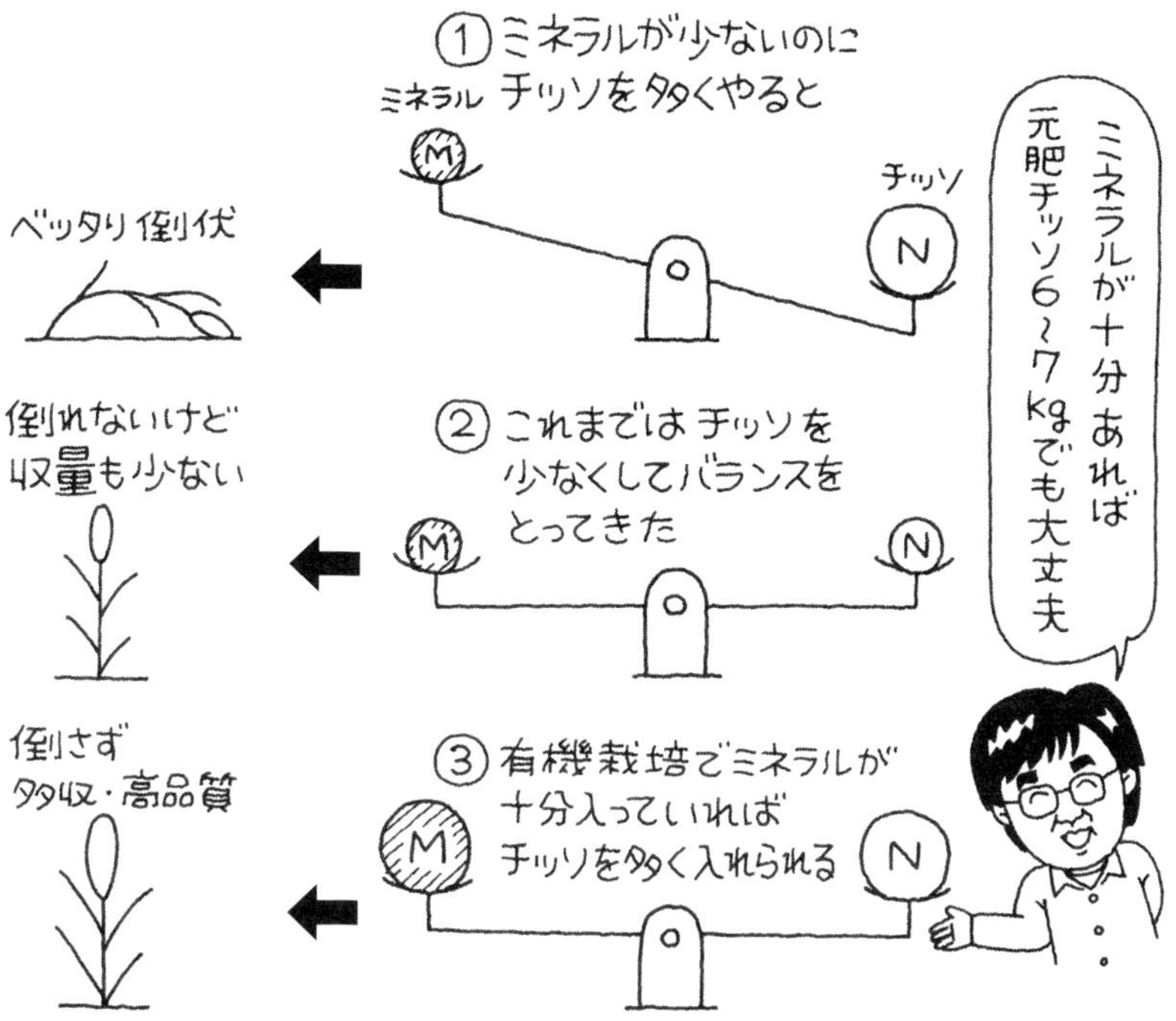
①ミネラルが少ないのに
チッソを多くやると
ミネラル
チッソ
ベッタリ倒伏
②これまではチッソを
少なくしてバランスを
とってきた
倒れないけど
収量も少ない
③有機栽培でミネラルが
十分入っていれば
チッソを多く入れられる
倒さず
多収・高品質
ミネラルが十分あれば
元肥チッソ6〜7kgでも大丈夫

ミネラル十分ならチッソを多くできる

ゆき子　でも、これまでコシヒカリの田んぼでは多くて三〜四kg、その倍量も入れたら有機でもゼッタイ倒れると思うけど。

小祝　それは化成の考え方。というより、ミネラル量と元肥チッソ量はバランスしていると考えるのが正しい。有機でも化成でもね。

ゆき子　ミネラルが十分ならチッソを多くしても大丈夫、ってこと？

小祝　そういうこと。ふつうのミネラル不足の田んぼでは、元肥チッソは少なくしないと過繁茂や倒伏、品質の低下などを招いてしまう。そんな田んぼで精農家は、追肥や水管理といった技術を駆使して収量を上げてきたと思う。

ゆき子　倒伏はミネラル不足ってこと？

小祝　もちろん適正な元肥量はあるけど、ミネラルをしっかり施用することで過繁茂や倒伏の心配は少なくなると思うよ。

《元肥の決め方（手直しの方法）》

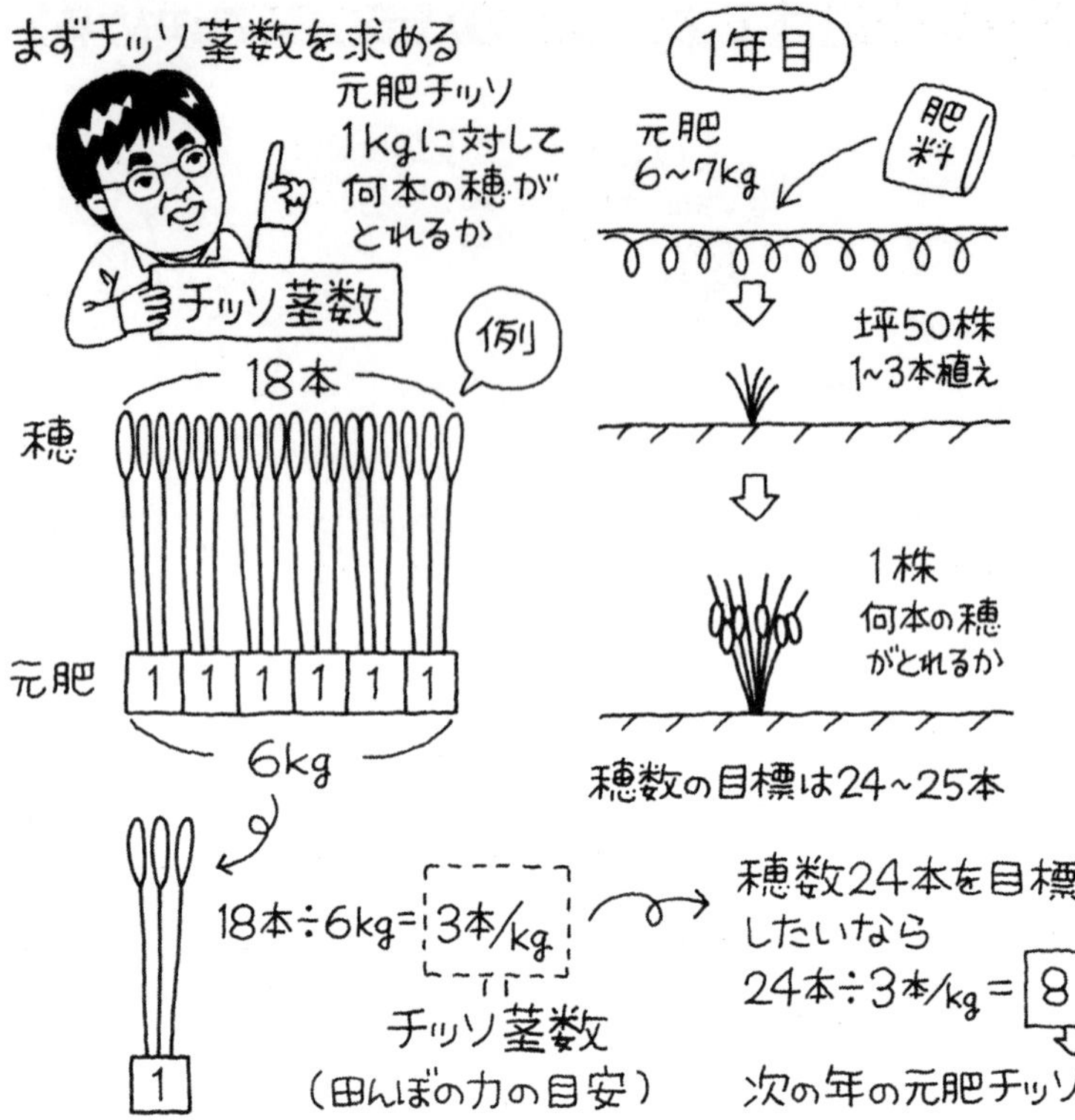

まずチッソ茎数を求める
元肥チッソ
1kgに対して
何本の穂がとれるか
チッソ茎数
例
18本
穂
元肥
1 1 1 1 1 1
6kg
1
18本÷6kg＝3本/kg
チッソ茎数
（田んぼの力の目安）
1年目
元肥
6～7kg
肥料
坪50株
1～3本植え
1株
何本の穂
がとれるか
穂数の目標は24～25本
穂数24本を目標に
したいなら
24本÷3本/kg＝8kg
次の年の元肥チッソ量

元肥の決め方とチッソ茎数

ゆき子　うーん、わかった。有機は化成の常識をカッコに入れて取り組むのよね。でも、どの田んぼも同じ元肥チッソでいいの？

小祝　田んぼは一枚一枚違うから、その違いに対応して元肥量を加減していかないといけないのはもちろんだね。

ゆき子　じゃあ、どうしたらいいの。

小祝　私が勧めているのは、一年目に「**チッソ茎数**」を求めて、二年目以降はその数値をもとに元肥量を決めるようにしているんだ。

ゆき子　チッソ茎数？

小祝　「田んぼの力」の指標と考えていいかな。元肥六～七kgで栽培したときの穂数から、元肥チッソ一kg当たり何本の穂数がとれたか（これがチッソ茎数）計算する。そして、翌年の目標穂数から逆算して元肥量を決めるというやり方なんだ（上の図と90ページを参照）。

《穂肥のしかた》

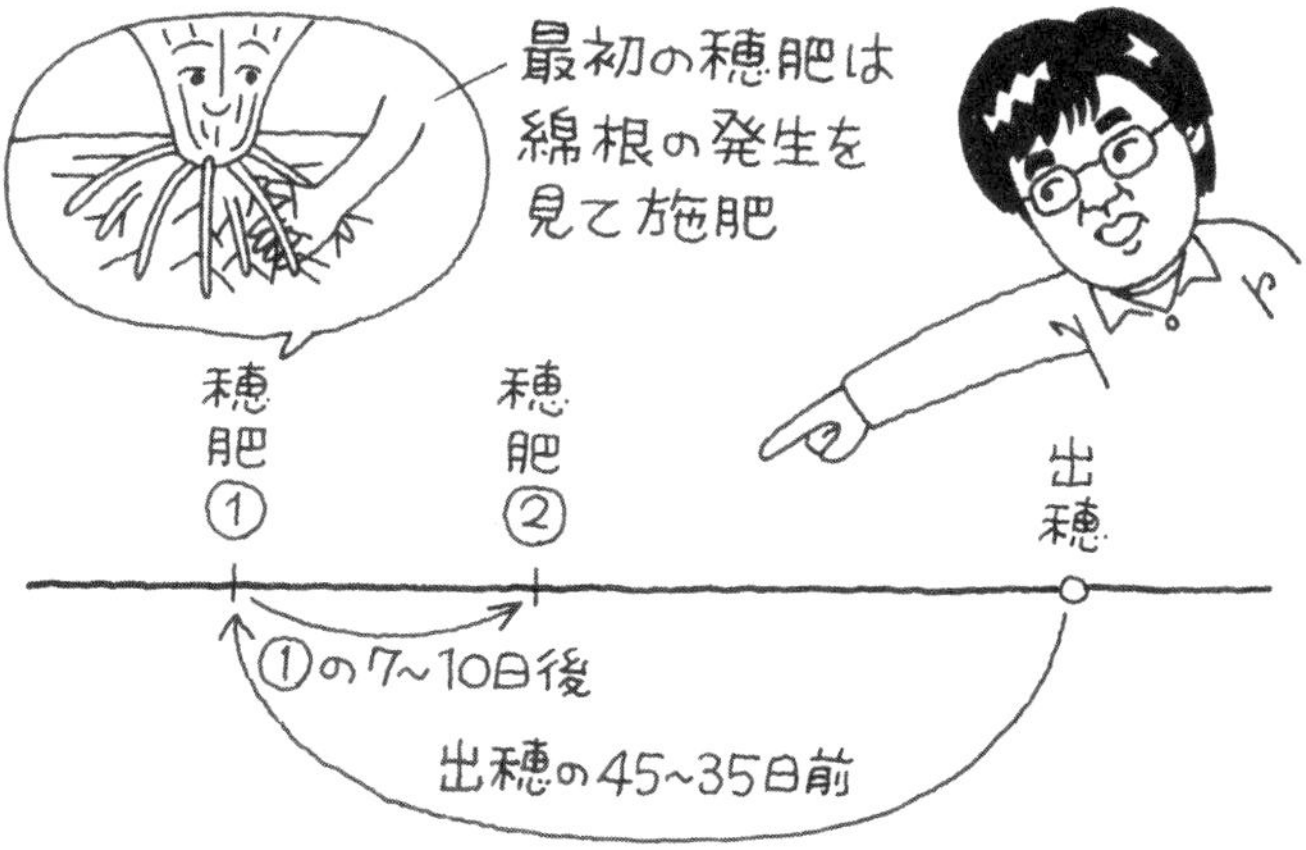
最初の穂肥は
綿根の発生を
見て施肥
穂肥①
穂肥②
出穂
①の7～10日後
出穂の45～35日前

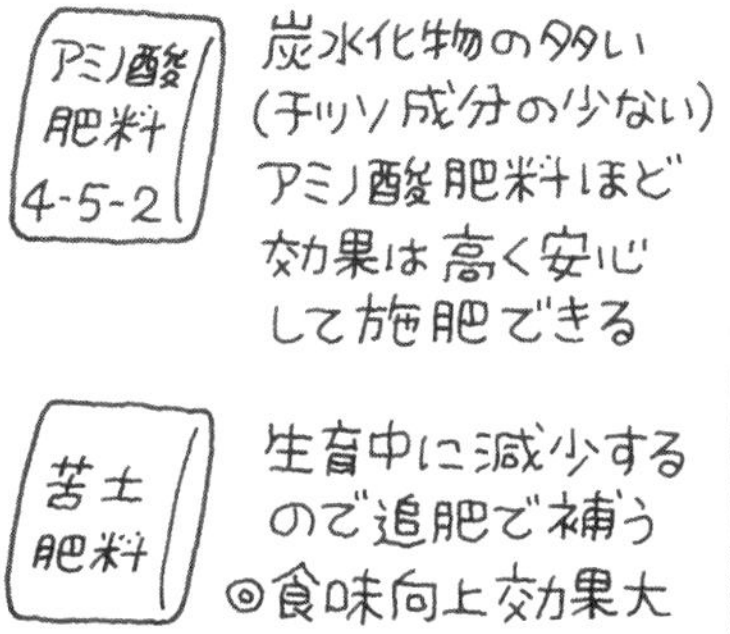
アミノ酸
肥料
4-5-2
炭水化物の多い
（チッソ成分の少ない）
アミノ酸肥料ほど
効果は高く安心
して施肥できる
苦土
肥料
生育中に減少する
ので追肥で補う
◎食味向上効果大

	穂肥 ①	穂肥 ②
量	チッソ1.5kg以下 苦土10～12kg	チッソ1kg以下
時期	−45～−35日	①の7～10日後
判断	綿根の発生	受光態勢よく 硬いイネ
効果	チッソ：穂長増 苦土：食味向上	千粒重増

穂肥のやり方

ゆき子　元肥の次は穂肥だけど……。

小祝　元肥だけって人も多いんだけど、穂肥のやり方も化成とは少し違う。有機だと葉色が濃く推移するから、葉色が落ちたら追肥、というような方法はとれないんだ。

ゆき子　じゃあ、穂肥の判断はどうやるの？

小祝　私は**綿根**の発生で判断している。綿根が出るのが、だいたい出穂の四〇日前前後になる。上に二回の穂肥のやり方とその効果についてまとめたので見てほしい。

　ここで大切なのは、一回目の穂肥のときに、一緒に苦土の追肥をすること。

ゆき子　えっ、苦土の追肥？

小祝　この時期に土壌分析をするとわかるんだけど、苦土がかなり減っている。葉緑素の中核物質である苦土を追肥して、穂づくりに向けてしっかり光合成をしてもらおうというわけ。食味もよくなるからね。

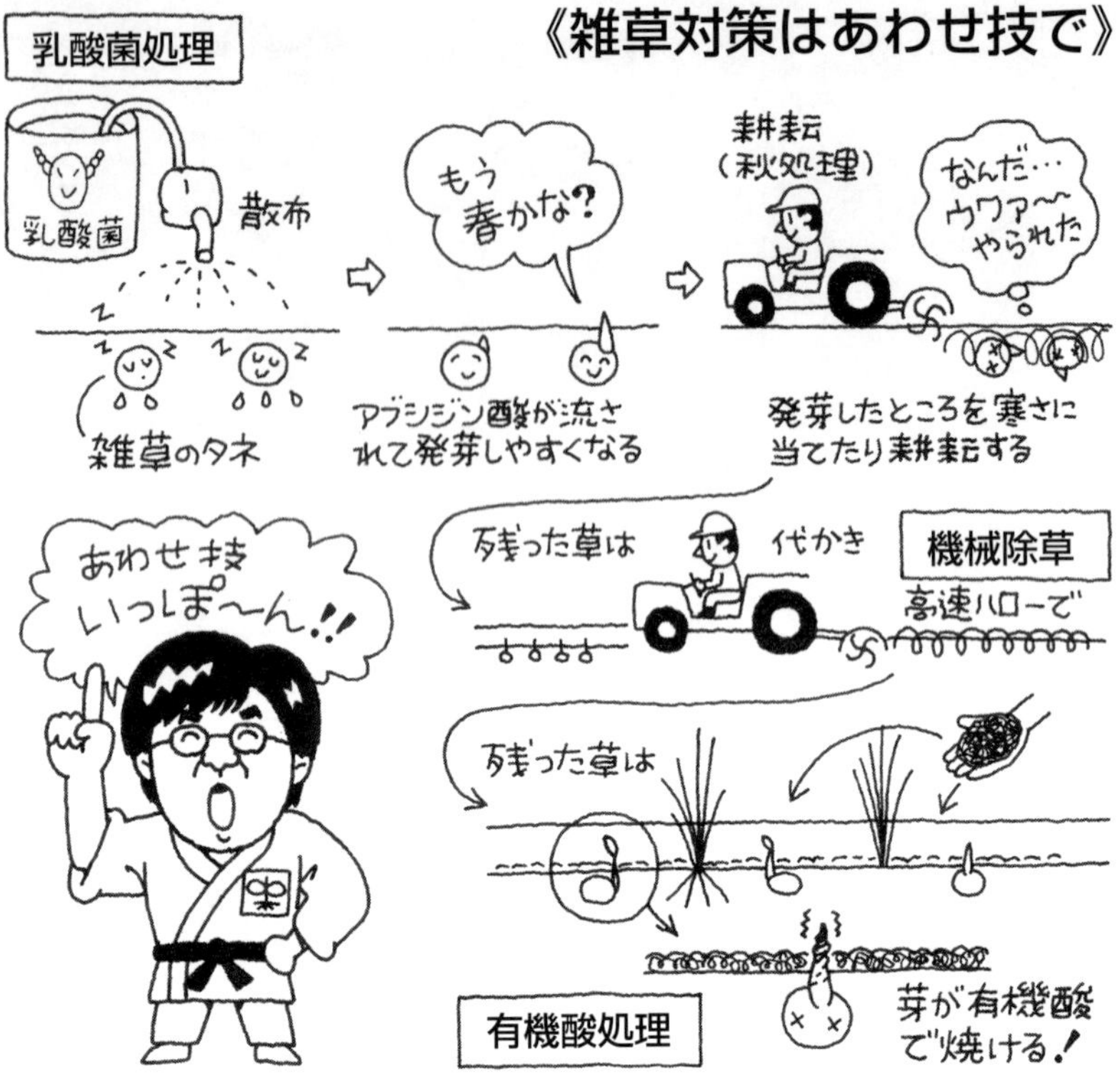
《雑草対策はあわせ技で》
乳酸菌処理
乳酸菌
散布
もう春かな?
耕耘(秋処理)
なんだ… ウワア〜 やられた
雑草のタネ
アブシジン酸が流されて発芽しやすくなる
発芽したところを寒さに当てたり耕耘する
あわせ技いっぽ〜ん!!
残った草は
代かき
機械除草
高速ハローで
残った草は
有機酸処理
芽が有機酸で焼ける!

雑草はあわせ技で抑える

ゆき子　それから、お父さんが一番気にしていたのが「雑草」なんだけど。有機だと除草剤なしでしょ、大丈夫かって。

小祝　はじめの一～二年はそれまでの除草剤の効果か、それほど草は生えない。それが、三、四年経ってくると、雑草が増えてきて、どうにもならなくなる場合もある。

ゆき子　草だらけの田んぼ見たことあるわ。

小祝　いま各地でいろいろな方法が行なわれているけど、相手も田んぼという環境で進化してきた生物だから、そう簡単ではない。そこでひとつのやり方ではなく、秋から春にかけてあわせ技で抑えるようにしている。

ゆき子　あわせ技?

小祝　上に図解しておいたけど、秋処理での乳酸菌処理、春の代かきのときの機械除草、さらには田植え後の有機酸処理と、技術を組み合わせて対応しているんだ。

《秋処理で草の生え方が変わる》

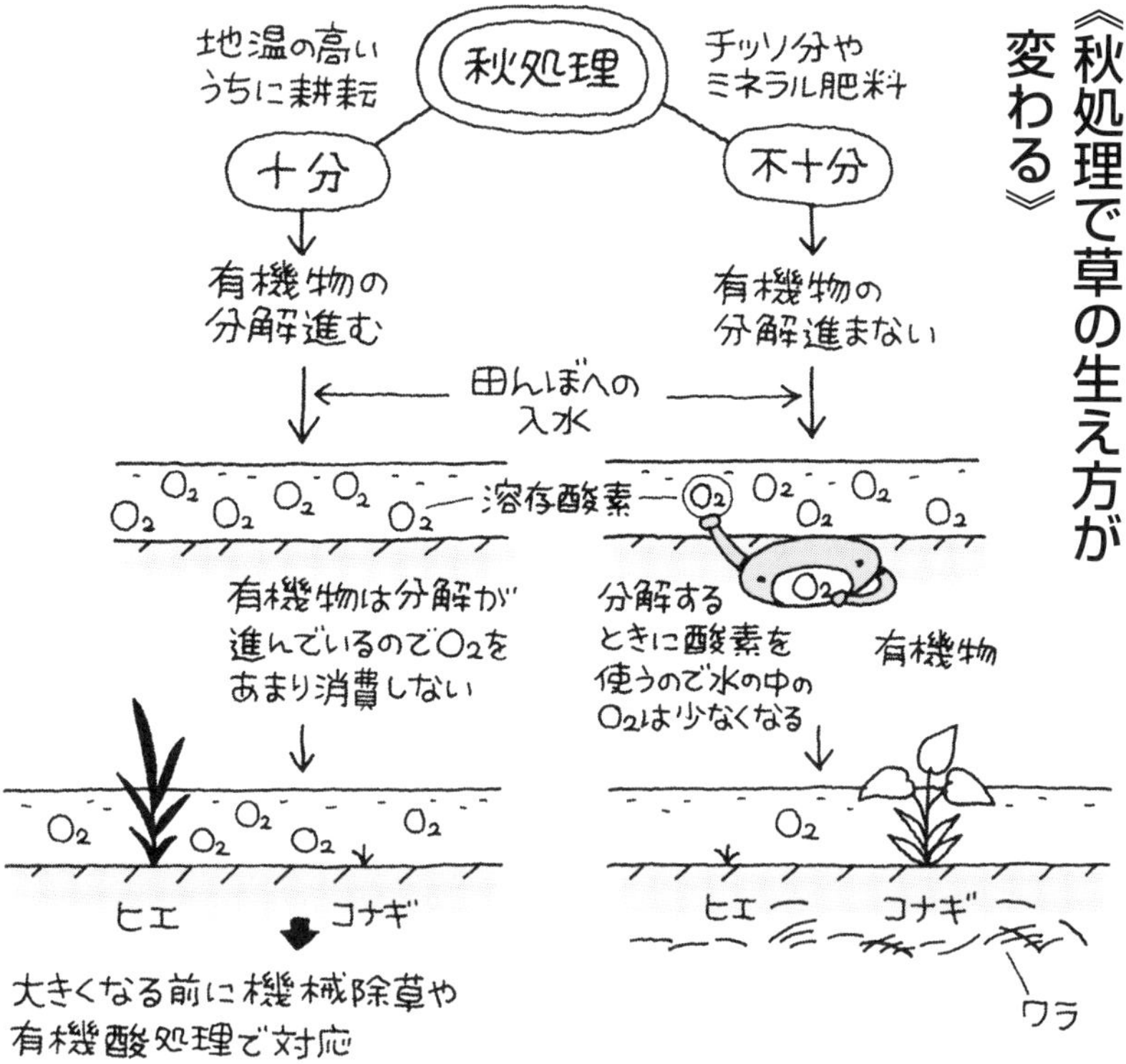
秋処理
地温の高いうちに耕耘
十分
有機物の分解進む
チッソ分やミネラル肥料
不十分
有機物の分解進まない
田んぼへの入水
溶存酸素
O2
有機物は分解が進んでいるのでO2をあまり消費しない
分解するときに酸素を使うので水の中のO2は少なくなる
有機物
ヒエ
コナギ
大きくなる前に機械除草や有機酸処理で対応
ワラ

ヒエとコナギ

ゆき子　いろいろなやり方があるのね。

小祝　そうなんだ。雑草対策をいろいろやってきたんだけど、面白いことに、秋処理をしっかりやっておくと、厄介なコナギを抑えることにつながるようなんだ。

ゆき子　ホントなの？

小祝　ワラの分解を進めると、田んぼの水に溶け込んでいる酸素（溶存酸素）が消費されないせいじゃないかと見ている。

ゆき子　酸素が多いとコナギは困るってこと？

小祝　どうもそんな感じなんだ。でも、そんな環境だと今度はヒエが多くなる。

ゆき子　秋処理も一長一短ってこと？

小祝　いや、秋処理は有機栽培の基本だから、乳酸菌処理や機械除草で退治できなければ、こんどは米ヌカ散布などの有機酸処理で対応すればいいんだ。

ゆき子　だから、あわせ技っていうのね。

《床土つくりのポイント》

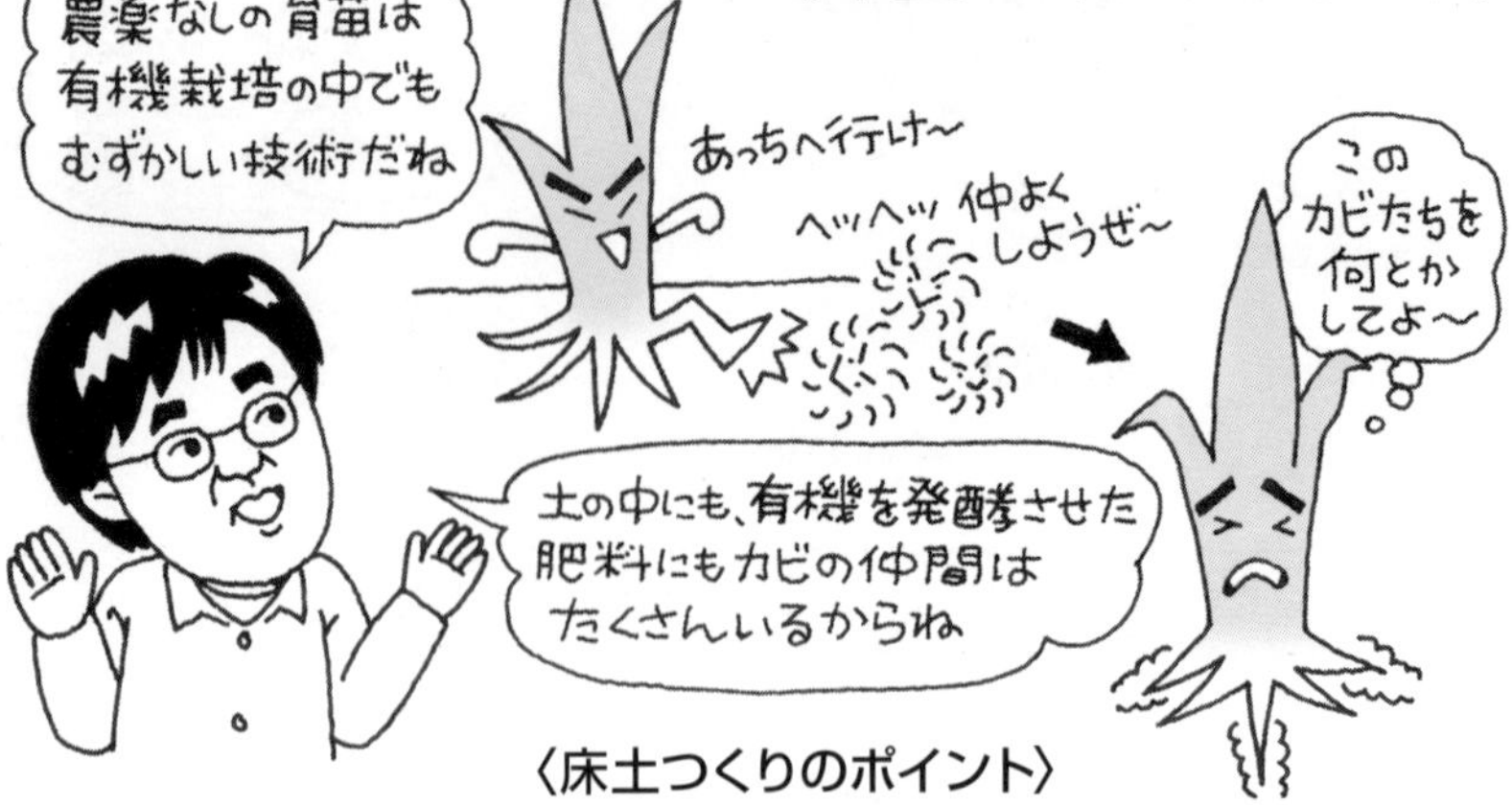
農薬なしの育苗は
有機栽培の中でも
むずかしい技術だね
あっちへ行け〜
ヘッヘッ 仲よく
しようぜ〜
このカビたちを何とかしてよ〜
土の中にも、有機を発酵させた
肥料にもカビの仲間は
たくさんいるからね

〈床土つくりのポイント〉

	畑苗の場合	プール育苗の場合
土	焼土	焼土
ミネラル	加えてpH6.5に	加えてpH6.5に
チッソの施用法	床土に放線菌発酵堆肥を混和 1箱当たりチッソ4〜6g	床土にチッソは加えないで苗箱を置くプール床に1箱当たりチッソ4〜6gをまいておく

土の中にはさまざまな菌がいるので用心して焼土を使う

水温が高くなりやすいところでは苗が徒長しやすいので注意

苗つくり——床土の調製

ゆき子　あと、苗つくりはどうやるの？

小祝　有機の苗つくりでは、床土のチッソをどうするかが課題になる。

ゆき子　有機の肥料を使うんでしょ？

小祝　そうなんだけど、肥料をエサにカビが蔓延しやすいんだ。出芽のときは、温度も湿り気もあって、カビの天国だからね。

ゆき子　じゃあ、どうするの？

小祝　いちばん簡単なのは、**プール育苗**とチッソ肥料なしの床土を使う方法かな。

ゆき子　チッソなし？

小祝　有機のチッソはプールの底にまいて、無チッソの床土の入った育苗箱をその上に並べ、出芽後にプールに水をためるという方法。でも水温が高くなって、苗が徒長するような地域では畑育苗にする。そのときは、無菌の焼土に**発酵**放線菌堆肥を加えてカビを防ぐのがポイントになる。

《タネモミ処理の方法》

ボクのからだには
いろいろな菌が
くっついているよ
なかには病原菌も
いるから気をつけて
え〜〜っ！
じゃあ、焼土を使った
だけじゃダメなの？
大丈夫。
次の2つの方法が
お勧めだね
①温湯処理
60℃の湯に
10分間浸ける
冷水
タネモミに均一に
熱が伝わるようにする
タネモミ全体を
直ちに冷やす
酵母菌処理は
パン酵母でも
いいのね
②酵母菌処理
30〜40℃で
12〜24時間
酵母菌溶液
（酵母を2〜3%溶かす）
あとはよく水洗い

タネモミの処理は？

ゆき子　なるほどね。あと、化成ではタネモミを農薬で粉衣したりするよね。

小祝　タネモミのまわりの病原微生物を農薬でやっつけているわけだ。

ゆき子　有機栽培ではどう対応するの。

小祝　よく行なわれているのは**温湯処理**だね。六〇℃の湯に一〇分間タネモミを漬けて、直ちに冷やすという方法。他の方法としては**酵母菌処理**がある。

ゆき子　酵母菌処理って、なに？

小祝　酵母菌を培養した溶液にタネモミを漬けておくやり方のこと。酵母菌はタンパクを分解する力が強いから、タネモミ表面の病原微生物を分解してしまうんだ。微生物もタンパク質でできているからね。

ゆき子　酵母菌を使う方法なら簡単そうね。

小祝　ふつうのパン酵母でもいいので、ぜひ、試してみて下さい。

3日間お疲れさま。基本の説明は終ったけどどうやれそう？
やれそうな気がしてきたけど、ちょっと記号が苦手なの…
記号をまとめておきます。巻末の用語集も参考にして下さい

これでOK、ガンバりま～す

本書によく出てくる記号

・有機物に関するもの
C（炭素）／H（水素）／O（酸素）／N（チッソ）／CHO（炭水化物）／CHON（アミノ酸またはタンパク質）

・よく出てくる分子
H_2O（水）／CO_2（二酸化炭素, 炭酸ガス）／O_2（酸素）／H_2S（硫化水素）

・ミネラルの元素記号
P（リン, リンサンのこと）／K（カリウム, カリのこと）／Ca（カルシウム, 石灰のこと）／Mg（マグネシウム, 苦土のこと）/S（イオウ）／Fe（鉄）／Si（ケイ素, ケイ酸のこと）／Mn（マンガン）

＊ M（図の中でミネラルを表わすときに使用）

記号などの説明

小祝　これで有機栽培のイネつくりの基本の説明は終わりだけど、どうやれそう？

ゆき子　ええ、やれそうな気がしてきた。

小祝　それはよかった。それぞれの項目については、次の章から詳しい説明をしておくからそれを参考にして下さい。

ゆき子　あの……、石灰とか苦土を記号で説明してくれたんだけど、あれがちょっと苦手なんだけど。

小祝　あっ、わかりました。元素記号がネックという人も多いからね。よく出てくる記号について、上で説明しておきます。

ゆき子　そうしてもらうと助かります。

小祝　それと、巻末にちょっとなじみにくい言葉について、用語集を設けてあるので、それも参考にして下さい。

ゆき子　いろいろありがとうございました。

小祝　一緒に、がんばりましょう。

第1章

有機栽培とイネの生育

イネの**有機栽培**というと、一般には「生育が悪い、病気にかかりやすい、倒伏が多い」というイメージがあると思う。

写真1－1　有機栽培の特徴は白い根
左が有機栽培の根，右が化成栽培の根

しかし、私が勧める有機栽培は、そのようなイメージを覆す生育を示してくれる。具体的な栽培方法についてはあとで紹介するが、その前に、有機栽培のイネの生育像について見ておきたい。生育像を知っておくことで具体的な方法についての理解も深まり、応用もきくからである。

なお、本書でいう「イネの有機栽培」とは、「**白い根イナ作**」と呼ばれている栽培方法を指すことを最初にお断りしておく。

1　有機栽培を支える土

(1)　田んぼの環境と根の健全

●有機のイネの力を引き出す

私の勧めている有機栽培では、チッソ肥料として有機物を**発酵**・分解した「発酵型アミノ酸肥料」、または魚液などの「抽出型アミノ酸肥料」を使用する。この**アミノ酸肥料**そのものが化成肥料だけの栽培では得られない力を発揮するのだが、それだけでは有機栽培のよさを引き出すことはできない。実は、有機栽培のイネがその能力を十分に発揮できる田んぼが、田植えまでに、つくられていることがまず大切なのである。それはいったいどんな田んぼなのか？

●嫌気的条件で根を健全にする

ひとことでいえば、それは嫌気的な

「場」で根が健全であり続けることができる田んぼ、である。

私が有機栽培でもっとも重視しているのが根の環境である。とくにイナ作の場合、イネはその一生のほとんどを、田んぼという水を張った嫌気的な「場」で過ごす。そこでは、有機物がイネに有害な**腐敗**分解の方向に向かいやすい。そのような環境の中で、おいしいコメを多収できるイネをつくるには、まず何より根が健全であることがもっとも大切だ。

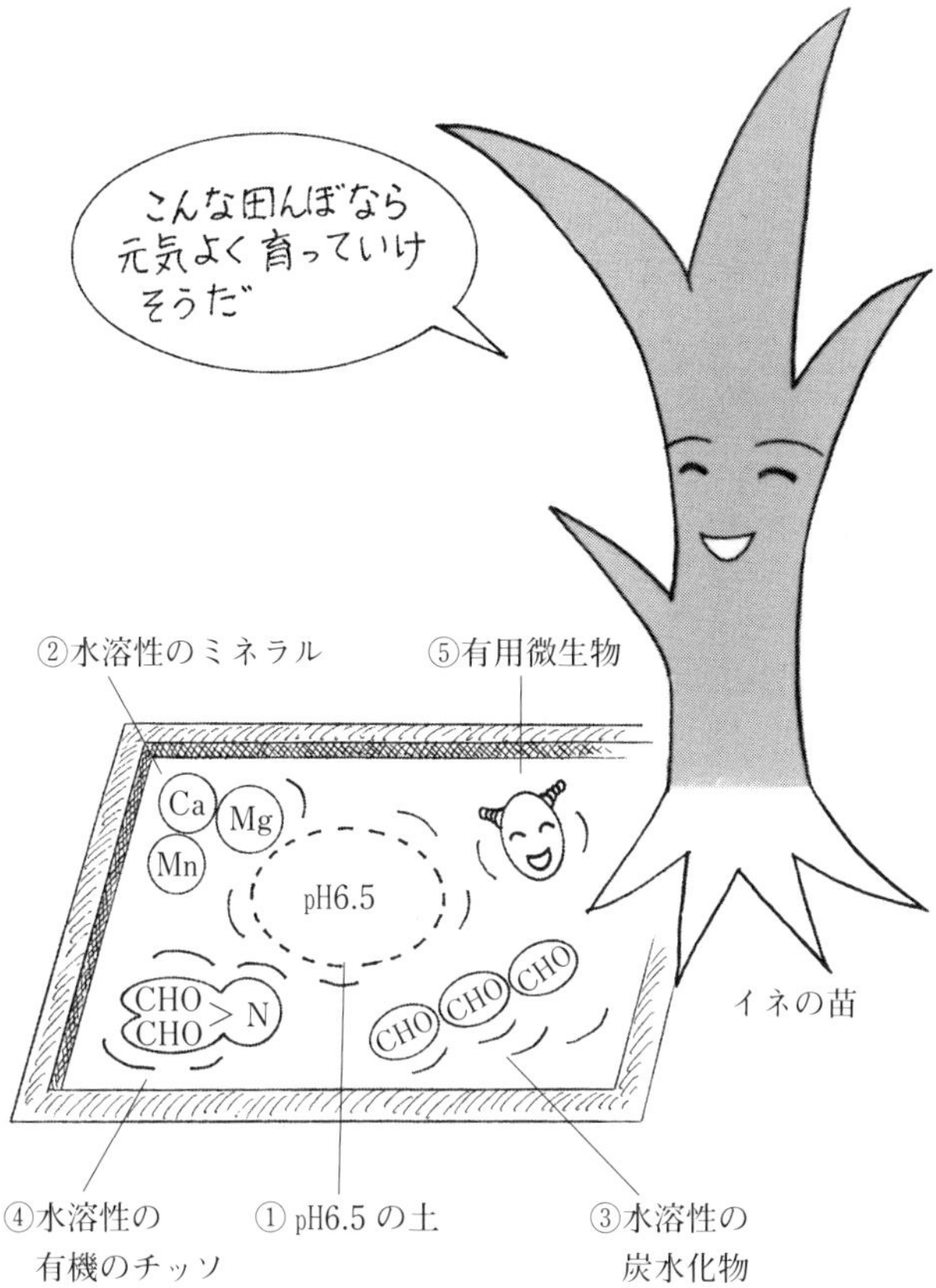
こんな田んぼなら
元気よく育っていけ
そうだ
②水溶性のミネラル
⑤有用微生物
Ca
Mg
Mn
pH6.5
CHO
CHO
N
CHO
CHO
CHO
イネの苗
④水溶性の
有機のチッソ
① pH6.5 の土
③水溶性の
炭水化物

図1－1　有機のイネを支える田んぼの条件

●有機のイネを支える土の五条件

根を健全に保つ有機栽培のイネつくりでは、田植えまでに田んぼの土が次の五つの条件を整えていることが求められる（各項目を実現する手立てについては、次章以降で詳述する）。

①石灰や苦土などの**ミネラル**を施用して、土壌pHを六・五前後に維持し、鉄の過剰な溶け出しを防ぐ。こうすることで、収穫までの期間、「**白い根**」を維持できる土になっている。

②石灰や苦土など施用したミネラルは、イオン化（塩などが水に溶けてしまっている状態）するか、あるいは、**腐植酸**や**アミノ酸**などの有機酸と**キレート**をつくってイネに吸収されやすくなっている。

③ワラは**秋処理**によってセンイ分が水溶性の**炭水化物**にまで分解されている。

④③の処理で施用した有機のチッソ分

も、菌体や水溶性のタンパク質、アミノ酸などになっている。

⑤田んぼという嫌気的な環境でも、有機物を水溶性の有益な物質に分解する力の強い、酵母菌などの有用微生物群が多い。

順番に説明していこう。

(2) 白い根の条件は土壌pH

●赤い根の正体は?

図解でも紹介したように、「白い根」は私が勧める有機栽培のイネのもっともきわだった特徴である。「白い根」にするポイントが土壌pHである。

これまでイネつくりでは土壌pHについてあまりいわれてこなかった。それは、イネが本来、湿地で生育しながら進化した作物であり、pHが酸性でも生育上あまり問題にならないと考えられてきたからだと思う。

しかし、土壌が酸性だと鉄が過剰に溶け出し、根が放出する酸素と結合して赤い酸化鉄の厚い皮膜が張り付いてしまう。これは嫌気的な環境下で発生しやすい**硫化水素**から根を守るもので必ずしも悪いことではないが、同時に、養水分の吸収が阻害されることになる。

養水分の吸収を促進し、根を守るには、まずこの鉄の過剰な溶け出しを抑えるために土壌pHを六・五前後に高め、あわせて硫化水素の害も受けないように、ワラやイナ株をできるだけ分解して、その発生源対策を講ずることである。

●有機イネの土台は白い根の維持

このような手立てをとることで、イネは苗のとき同様、白い根のまま一生を過ごすことができる。

白い根をもつイネでは、鉄と結びつかないために根まわりに酸素が多くなり、酸化的な環境を好む有用微生物が増殖する。その結果、養水分の吸収がよくなり、同時にイネに有用な有機物(ホルモンなどを含む)やその分解生成物を得ることができる。

イネの一生にわたって白い根を維持することは、多収と良食味を両立した有機栽培のイネつくりの土台なのである。

(3) ミネラル施用で強い育ち

●ミネラルの役割

ミネラルは植物のからだをつくる材料としてだけでなく、植物のさまざまな**酵素**の反応を制御している。ミネラルが十分にあることで、生化学的な諸反応の制御機構が維持され、その仕組みのもとで、吸収したチッソ分(アミノ酸肥料)や炭水化物がからだづくりや生命活動に利用される。

たとえば、植物ホルモンのサイトカイニンもミネラルが十分にあることでつくられるが、これは分けつや発根を促進したり、気孔の開閉に関与して**光合成**の促進に役立っている。

また主要なミネラルである石灰は、タンパク質（細胞の原料となる）を合成する働きがあり、太い根を遠くへ伸ばす役割をもっている。苦土は**葉緑素**の中心物質として光合成を盛んにする役割をもっている。どちらもイネが生長するためには不可欠の要素である。とくに田植えされたばかりの小さい苗にとって、根を伸ばすための石灰と、光合成を行なうための苦土はもっとも必要なミネラルである。

さらにイネに特有のミネラル（**有用元素**）として、ケイ素（ケイ酸）がある。これはセンイ組織を強化して病虫害からイネを守ったり、光合成を促進する機能などがあり、忘れてはいけな

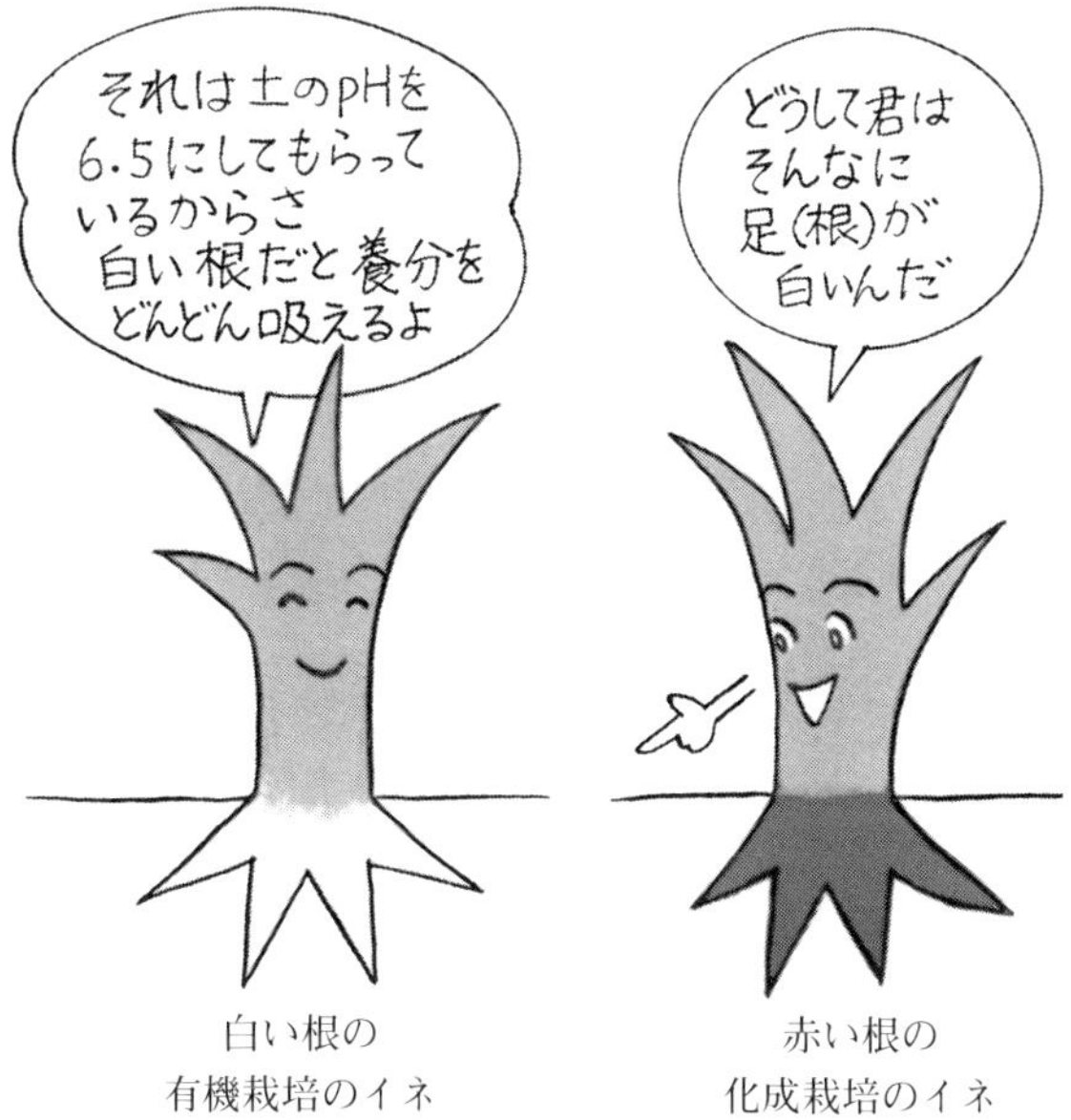
どうして君は そんなに 足(根)が 白いんだ
それは土のpHを 6.5にしてもらっているからさ 白い根だと養分を どんどん吸えるよ
白い根の 有機栽培のイネ
赤い根の 化成栽培のイネ

図1−2　土のpHによって根の色は異なる

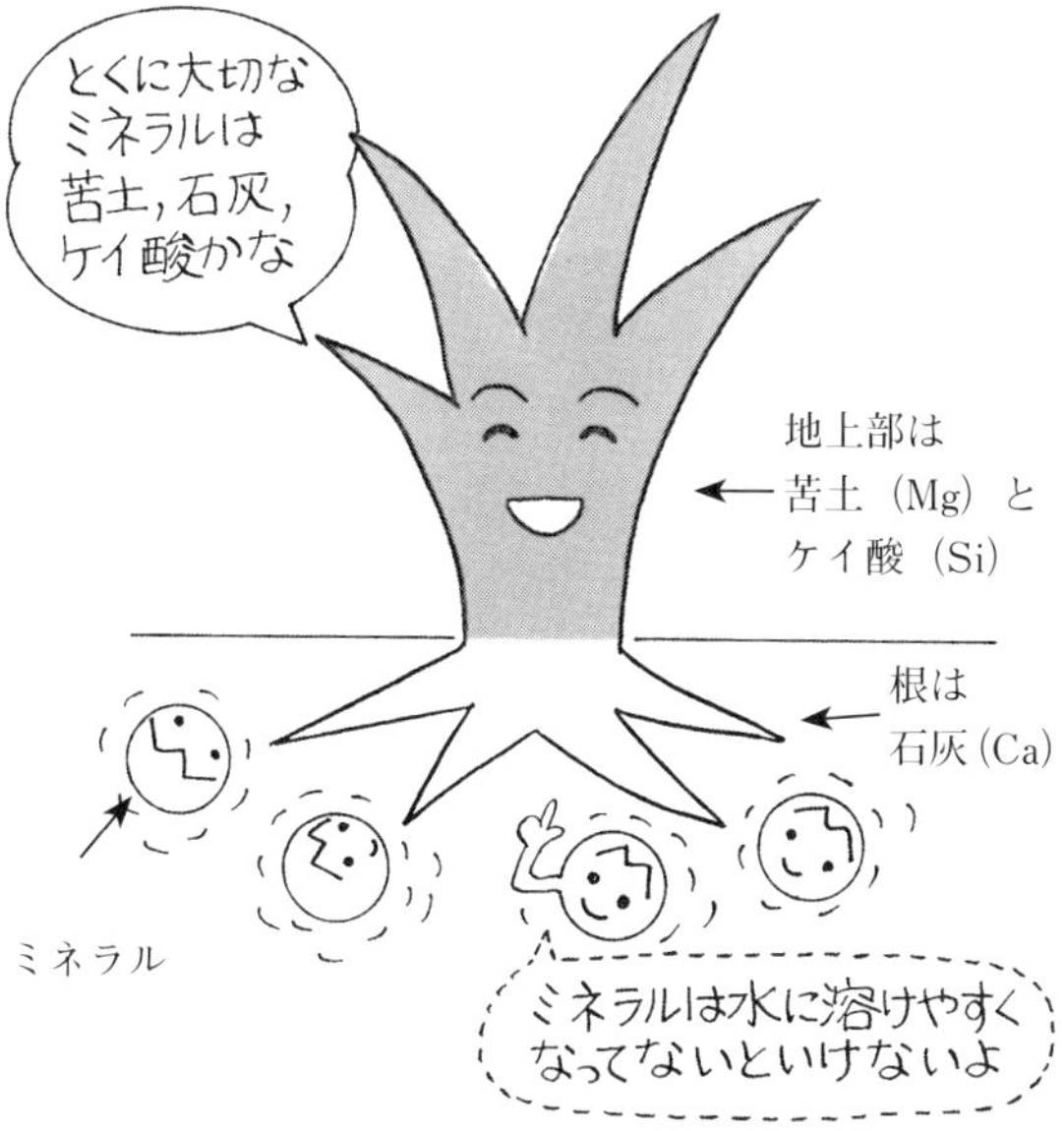
とくに大切な ミネラルは 苦土，石灰，ケイ酸かな
地上部は 苦土（Mg）と ケイ酸（Si）
根は 石灰（Ca）
ミネラル
ミネラルは水に溶けやすく なってないといけないよ

図1−3　イネをしっかりつくるにはミネラルが大切

いミネラルのひとつである（詳しくは83ページ参照）。

●ミネラルの秋施用

　スタートからイネの育ちをしっかりしたものにするには、最初の、有機のチッソ肥料が吸収される前に、ミネラルが十分に吸収されてからだの仕組みが整っていることが前提になる。つまり吸収しやすい形で必要十分な量のミネラルが、田植え前の田んぼに用意されていることが大切なのである。

　秋に**ミネラル肥料**を施用すると、春までには水溶性の形に変化してイネに吸収されやすくなっている。イオンのかたちになっていたり、腐植酸やアミノ酸など有機酸とキレートをつくって水に溶けやすくなっている。それらをイネが吸収することで、イネは「より強い」育ちをすることができる。

　たとえばそうしたイネの葉色は濃く経過する。化成栽培に比べて、葉色がビロードのような深みのある緑になる。この葉色は、チッソと（ミネラル肥料の）苦土との相乗効果と見ている。ふつうの化成栽培のイネの葉色がただのチッソの色だとすると、有機栽培のそれはチッソに苦土が加わった色なのである。

　土壌中のミネラルを吸収した有機のイネは、葉が厚くなり、葉緑素の密度も高くなる。そのためか、葉色は深い色合いとなる。チッソと苦土は葉緑素の中心核そのものであり、それだけ光合成能力も高いということになる。

　一方で、この有機のイネの葉色の濃さはしばしば穂肥の判断を誤らせる。チッソが減ってきて穂肥が必要なのに、苦土のせいで葉色が濃く見え、穂肥が遅くなってしまうという例だ。詳しくは102ページで紹介するが、この点、注意が必要である。

(4)　ワラ処理で炭水化物優先の育ち

●田植え直後はチッソ優先で育ちやすい

　元肥として施用する有機質肥料は、田んぼの地温・水温が低い春でも十分な肥効が発揮できるように、水溶性の有機態チッソ（アミノ酸など）を多く含むアミノ酸肥料を使う。アミノ酸肥料には「抽出型」と「発酵型」があるが、どちらでも、化成肥料に負けない肥効を示してくれる。

　しかしこのようなアミノ酸肥料が施された田んぼに植える苗は、本葉が三～四枚程度で、田植え後しばらくは葉面積も小さい。光合成でつくり出す炭水化物の量はまだ少なく、苗のからだの養分バランスは、相対的にアミノ酸肥料のチッソ分が多くなる。天候や苗質によってはチッソが優先した生育に陥ってしまうことがある。

ただ、施用するアミノ酸肥料は炭水化物をもっているので、一般の化成肥料に比べれば、イネの生育は強いものになる。しかし、苗の活着時の消耗などを考えると、炭水化物が多いにこしたことはない。チッソに対して炭水化物が多いほど、イネは環境に対応する力が大きくなるからである。炭水化物が十分にあれば、イネは田植え後の低温や風などの悪条件の中でも太く長い根を張り、葉を伸ばし、強い分けつを出すことができる。

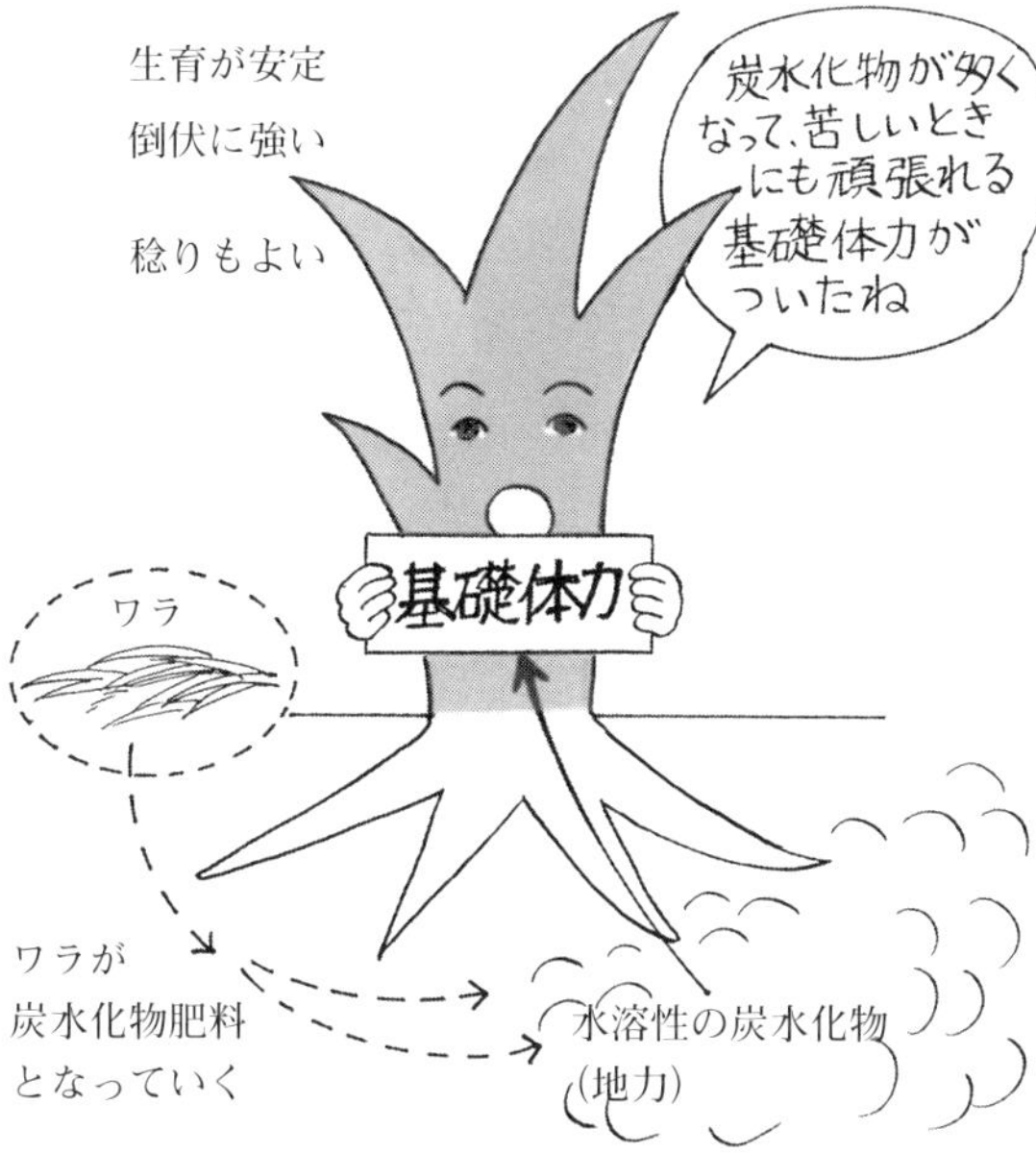
生育が安定
倒伏に強い
稔りもよい
炭水化物が多くなって、苦しいときにも頑張れる基礎体力がついたね
基礎体力
ワラ
ワラが炭水化物肥料となっていく
水溶性の炭水化物（地力）

図1－4　水溶性炭水化物の多い田んぼではイネの生育が安定する

●春までにワラの分解を進めるメリット

この余剰分をつくるうえで大きな意味をもつのが、ワラの秋処理だ。春までにワラのセンイを水溶性の炭水化物にまで分解しておくことで、田植え直後の光合成の不足分を補うことができる。

ワラの分解を進めることは、本田でのガスわきを抑え、健全な根づくりを進めるだけではない。ワラの分解物である水溶性の炭水化物を根から吸収することで、イネはその初期生育を安定させることができる。つまり、秋処理によってワラが「炭水化物肥料」となり、翌年のイネに利用されるのである。

●「地力」として効いてくる

また、この水溶性の炭水化物が田んぼに十分蓄積されていれば、初期生育だけでなく、イネの一生にわたって効果を現わす。

初期は前述したように田植え前後のきびしい環境を乗り越える力として働き、分けつ期には一本一本の分けつ茎を太くし、中期以降はセンイを強化して倒伏を防ぎ、登熟を進めてくれる。

このようなイネの生育を安定させる

力は、田んぼの「地力」そのものである。土に水溶性の炭水化物が多いということは「地力」が高いということであり、コメつくりの多くの課題（初期生育、倒伏、稔り、天候など）を乗り越える基礎体力が備わっているということである。田んぼに水溶性の炭水化物がいつも豊富にある状態こそ、コメの安定多収を支えてくれる。

(5) チッソは水溶性の有機態チッソに

●秋処理で使う有機のチッソ

秋処理ではワラなどの分解を進めるために、発酵鶏ふんや米ヌカなどの有機のチッソを施用する。このチッソ分をエサに、有用微生物が増殖し、ワラなどの分解が進む。この分解は地温が高いほど進むので、秋処理はイネ刈り後、できるだけ早く行ないたい作業のひとつである。秋処理を行なってから春までは地温が下がり、その後の分解はゆっくり進む。

有機物の分解の過程で、施用した有機のチッソは微生物に取り込まれ、菌体（菌体タンパク）となる。この微生物は死ぬと遺体となって土に還る。さらにその微生物の遺体は、土の中の微生物が分解して、より小さな有機物の分子に変えられる。多くは水溶性のタンパク質やアミノ酸などになり、イネに吸収されれば有機のチッソ源としてそのからだづくり（細胞つくり）に利用される。

また、前述したようにワラ由来のチッソもある。

ワラをつくっているセルロースは、光合成産物のブドウ糖が直鎖状につながった構造をしており、微生物はこの構造物を切り刻みながら、みずからの増殖の材料にしたり、エネルギー源として使っている。この分解の過程で、ワラに含まれるチッソ分も微生物に取り込まれて、前に述べたように有機のチッソとして土壌中に存在することになる。

●元肥を補う水溶性の有機態チッソ

こうして秋処理によって田んぼの土の中に存在するようになった有機のチッソの中で、水溶性のものは苗に吸収され、元肥を補うかたちで初期生育を促す。その量は、秋処理に施用したチッソ量（成分）の半分ほどと見ている。秋処理にチッソ成分で三kgの発酵鶏ふんを施用したなら、土質や気候によって多少幅はあるが、春には元肥に換算して少なくとも一・五kg程度の有機態チッソが本田に準備されている。

これらの有機態チッソは、イネに吸収されるとタンパク質へ容易に組み替えられる。温度のまだ低い春先、この有機態チッソは地上部より根を伸ばすほうに使われ、有機栽培の生育の特徴である根優先の育ちとなる。

(6) 有機物の腐敗分解を進めない有用微生物

●秋処理は早めに、耕耘と組み合わせて

秋処理で重要なのは、少しでも田んぼに残るワラやイナ株を分解することである。ワラなどの分解に力を発揮するのは、おもに好気性菌のバチルス菌（納豆菌を含む菌の仲間）である。

これら有用微生物がうまく増殖するためには必要なチッソやミネラルを秋に施用して、まだ地温が高いうちに浅く耕耘しておくことが重要である。この秋処理が不十分だと、未分解の有機物が多く残る。するとこの分解のために酸素が使われて田んぼの環境はさらに嫌気的になる。そして、そんな嫌気的な環境を好む微生物が、ガスや硫化水素といったイネの害になる物質をつくり出す。

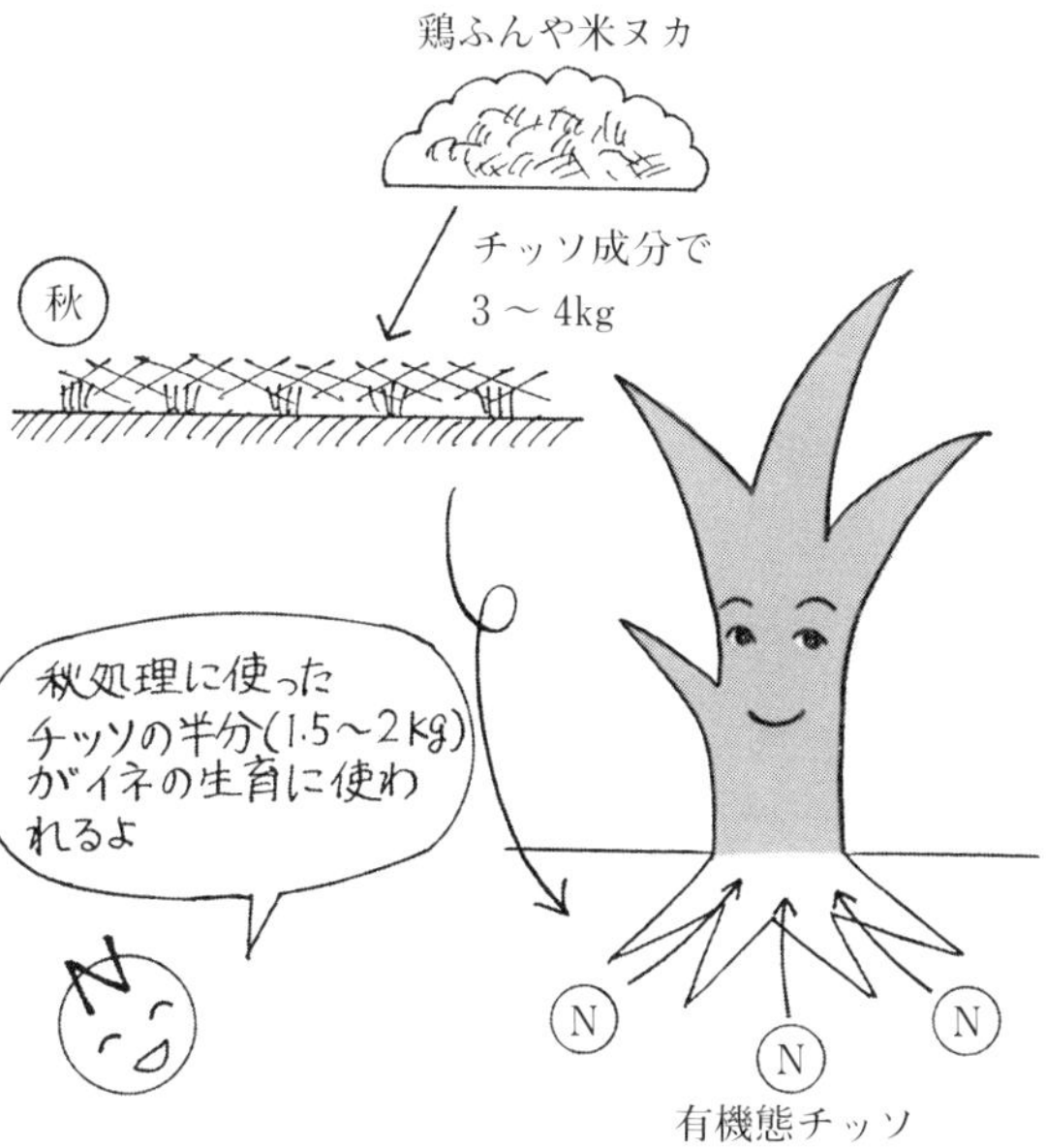
鶏ふんや米ヌカ
チッソ成分で
3〜4kg
秋
秋処理に使ったチッソの半分(1.5〜2kg)がイネの生育に使われるよ
N
N
N
有機態チッソ

図1−5　秋処理で使われたチッソ成分の半分が元肥として利用される

●酵母菌の力を借りる

このような田んぼという環境の中でも、有機物を分解してイネに役立つものをつくり出す微生物の代表が酵母菌の仲間である。酵母菌は、みそやしょう油つくりで活躍することからわかるように、空気の少ない環境でもタンパク質（有機質肥料など）を発酵、分解して、アミノ酸など有用な有機物をつくり出す力をもっている。

私は、とくに化成栽培から切り替えてまだ年数が経っていない田んぼや、ガスわきが多い田んぼなどには、この酵母菌や乳酸菌を使うよう勧めている。

春に酵母菌発酵堆肥やみそ・しょう油のにおいがするくらい発酵を進めたボカシ肥・発酵肥料や乳酸菌発酵液（124ページ図5—2）を施用するので

ある。酵母菌発酵堆肥は通常の堆肥に比べ、発酵温度を少し低めにして酵母菌の増殖を促したもの（つくり方の詳細は拙著『有機栽培の肥料と堆肥』参照）で、酵母菌や乳酸菌をかたまりとして投入することで、嫌気的な田んぼに有用微生物を一気に増やすことができる。

●有用微生物と白い根のいい関係

有機栽培では、毎年秋に堆肥や発酵鶏ふん、アミノ酸肥料、ミネラル肥料などを施用する。そのため春には有機物の分解が進み、田んぼには多くの有用微生物が棲みつくようになる。

図1－6　白い根のまわりには多くの有用微生物が棲みつくことができる

酵母菌や乳酸菌などの有用微生物は、田んぼという嫌気的な環境下でもガスや硫化水素といったイネを害する物質がつくられないよう有機物分解の方向を定め、白い根を守る。

一方で、白い根のまわりでは、根から放出される酸素によって酸化的な環境ができ、好気性の微生物も活性化して増殖する。そして発酵生成物（アミノ酸や生長促進物質など）をつくり出して、イネに供給する。

有用微生物と白い根はこのような相補的な関係をつくり出し、これを土台に有機栽培のイネは健全に生育する。ただし、有用微生物が棲みつくには、水のタテ浸透が適度にあるような土の物理性が整っていることが前提である。ひどい湿田やざる田で有機栽培を行なうには土壌改良が必要である。

2 めざすイネの収量構成

(1) 受光態勢のよいイネつくり

イネつくりをしていくうえで、いちばん基本に据えなければならないのは、イネの生長を邪魔せずに、その力を素直に引き出してやることである。

イネに限らず植物の生長は光合成が土台となっている。この土台のうえに、堆肥やアミノ酸肥料のもつ炭水化物やミネラルをきちんと吸収させることで、イネはより強い生長をすることができる。

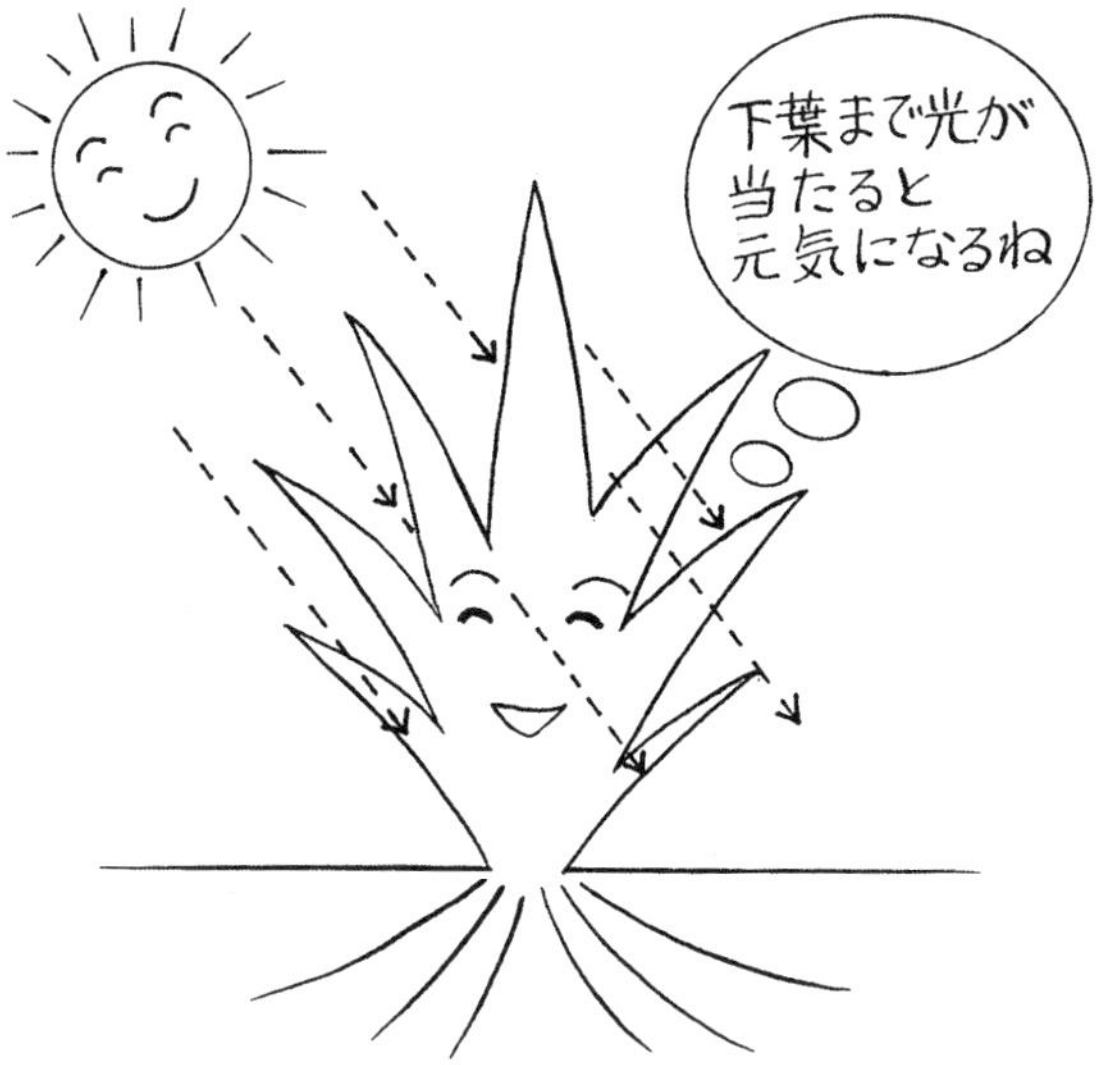

図1−7 イネつくりの基本は受光態勢をよくすること

イネの分けつや穂の一本一本が光合成を十分行なうこと。まずは、下葉まで光が届くような**受光態勢**のよい姿にすることが大切なのである。

(2) 坪五〇株、一〜三本植え

イネにとっていちばん受光態勢がよい状態は、たとえば減反田に育つ一本植えのイネを思い浮かべればよいかもしれない。周囲に光をさえぎるものが何もないので、イネは自由に根を伸ばし、太い分けつを扇形に出して、ずっしりと重い穂を垂らしている。

実際には、単位面積当たりの収量を上げる必要から、適当な栽植密度を設定して田植えを行なう。坪当たり何株で、一株何本植えでスタートするか、ということを決めることになる。

私は、坪五〇株、一〜三本の苗を浅植えしてスタートすることを勧めている。この程度であれば、一本一本のイネが十分に光を受けて生育できるし、いまの田植機の精度なら補植の手間もそれほどかからないからだ。

(3) 穂数は一株二四～二五本

そして、一株当たりの穂数は二四～二五本が適当と見ている。これも登熟期間中の受光態勢を悪くしない、下葉まで光が当たるためのおおよその目安である。坪当たり一二〇〇～一二五〇本の穂数を目標（目安）にする、五〇株植えだから一株二四～二五本ということである。

この一株二四～二五本という穂数は、一株に一～三本の苗を植えて得られたものである。同じ穂数でも、一株に六本も七本も植えて得られる穂とは、その質が異なる。植込み本数が少なく、浅植えであるほど株は開張して受光態勢がよく、一本一本の分けつ、穂は太く充実する。しかも、穂揃いもよくなるので、**登熟歩合**も高い。このように植込み本数を少なく出発して、二四～二五本の穂数を実現することが多収には欠かせない条件になる。

(4) 一穂モミ数は一〇〇～一一〇粒

一穂モミ数は、コシヒカリで平均一一〇粒程度と考えている。意外と少ないと見る方も多いかもしれない。たしかに一穂一五〇粒程度のモミ数を着ける穂は、それほどめずらしくない。しかし、ここで強調したいのは、二四～二五本の穂一本一本をこの一穂モミ数で揃えたい、ということなのである。穂（穂の位置、一穂モミ数）の揃ったイネをつくることが目標。そのためには、初期生育をよくし、太い揃った分けつを無駄なく確保し、出穂、登熟とつなげなければならない。

(5) 九〇％以上の登熟歩合

有機栽培のイネの穂は、登熟に優れている。それは、利用できる炭水化物の総量が多いために、モミ一粒一粒にデンプンをしっかり詰め込むことができること、そして後述するように一本一本の枝梗が適度に離れてつき、穂首近くの一次枝梗の付け根付近の二次枝梗モミが重ならず、くず米が出にくいからである。目標とする登熟歩合は九〇％（以上）である。

(6) 千粒重は二二～二四g

収量構成の最後に決まる**千粒重**は二二～二四g程度を目標にしている。ただし二四gという数値は、二回の穂肥をしっかり施用することができたイネの場合である。

穂肥を施用するかどうか、また一回で済ますか二回にするかは、農家の経営や考え方で変わってくる。多収をねらうのであれば、二回の穂肥が必要になる。

とくに千粒重を左右するのは二回目の穂肥で、その場合、千粒重は違う品種ではないかと見まがうほどになる。

表1−1　有機栽培のイネの収量構成
（コシヒカリの場合）

	目　標	1年目の目標
株数（株／坪）	50	50
穂数（本／株）	24 〜 25	20
穂数（本／坪）	1200 〜 1250	1000
一穂モミ数（粒）	100 〜 110	100
登熟歩合（％）	90	90
千粒重（g）	22 〜 24	21
収量（kg/10a）	713 〜 890	567

表1−2　減収要因になりやすい収量構成のポイント

	穂数不足	一穂モミ数減少	千粒重低下
寒　地	多い	ある	ある
暖　地	ある	ある	多い

(7) 収量構成低下の要因

実際のイネつくりでは、ねらいどおりに収量構成がとれないことも多い。減収要因を表にしたのが表1−2である。

穂数不足……基本的には分けつ不足が原因。元肥のチッソ量が適切であっても、チッソ全量に占める水溶性の部分が少ない場合や、気候が寒ければ分けつのとれ方は鈍る。それが穂数不足につながる。そのため、暖地より寒地でおきやすい。

一穂モミ数減少……穂肥のタイミングで一穂モミ数は決まってくる。寒かったり、日照不足、雨といったことが重なると、イモチ病の心配から適切な穂肥を打てないことがある。

千粒重低下……元肥のチッソ肥効が切れてしまい、千粒重を高めるときの肥効が不足したことによる。穂肥をきちんと施用することで高めることはできるが、経営によっては元肥だけの栽培もあるので、そのような場合の千粒重は低く設定せざるを得ない。

3 有機栽培のイネの生育

以上のような、土の条件、めざすイネの収量構成などから、有機栽培のイネの生育の特徴について見ておこう。図1−8はイネの生育イメージを田植えから出穂後まで、分けつ数と葉色、根の色の

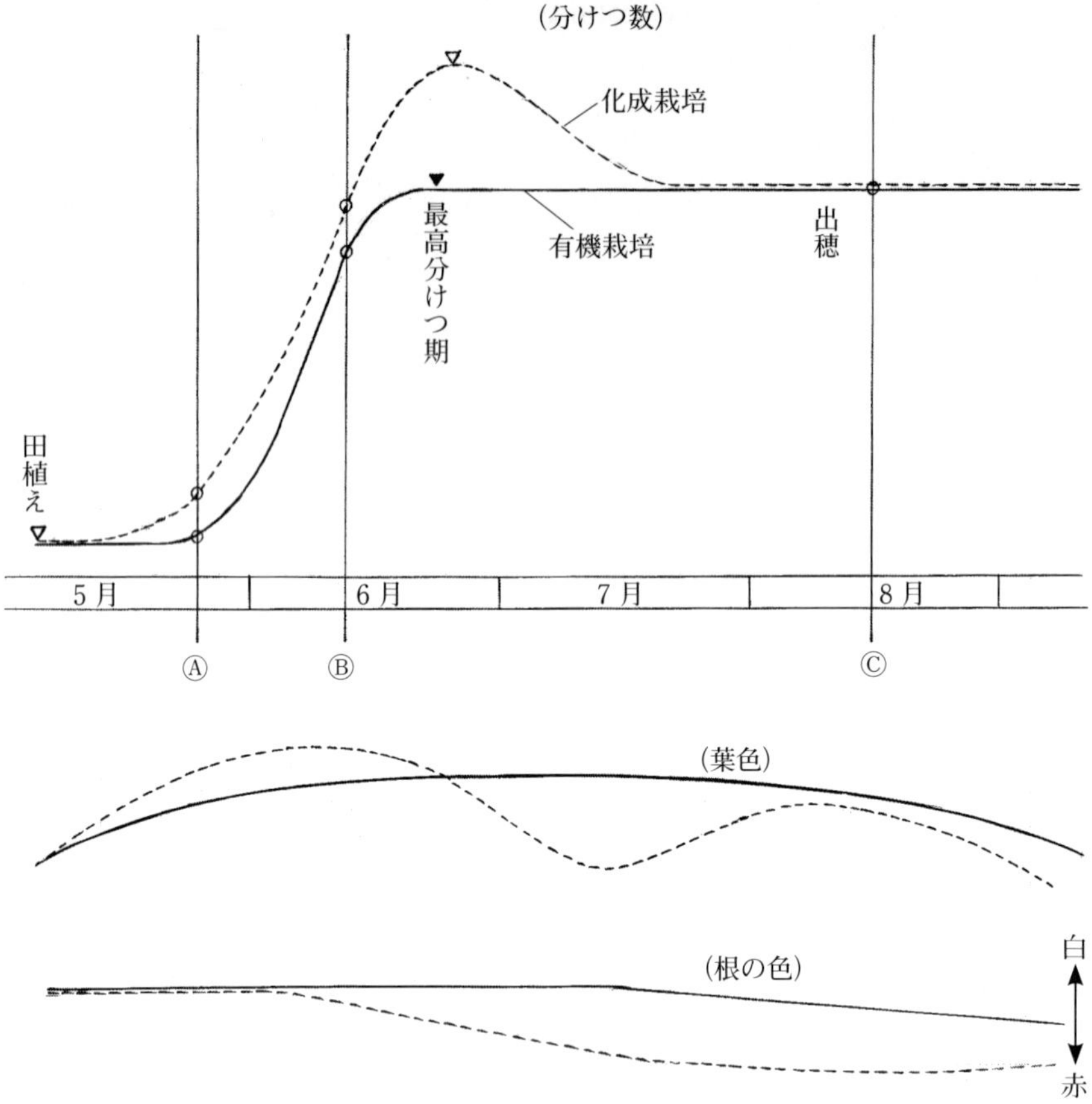

図1−8　イネの生育イメージ

変化を追ったものである。また図1−9は、図1−8のⒶ（分けつ開始期）、Ⓑ（分けつ盛期）、Ⓒ（穂揃い期）、各時期のイネ姿を表わしている。

(1)　分けつ開始期

●葉がうすい化成育ちのイネ

有機栽培のイネの初期生育、とくに分けつ開始期までの生育は、化成栽培のイネに比べるとゆっくりで、生育が遅れているように見える。同じ植込み本数であっても、分けつ開始が有機のほうが遅く見えるからである。

また、化成では肥料に使われているアンモニア態チッソによって植物ホルモンのオーキシンが増える。このため、葉は長めになりがちで、厚さがないために、ペラペラした感じのイネになる。

●ずんぐりした生育の有機のイネ

遅れているように見える有機のイネ

郵便はがき

おそれいります が切手をはって お出し下さい

3350022

（受取人）
埼玉県戸田市上戸田
2丁目2−2

農文協
読者カード係 行

◎このカードは当会の今後の刊行計画及び、新刊等の案内に役だたせていただきたいと思います。　はじめての方は○印を（　）

ご住所	（〒　－　） TEL： FAX：	
お名前	男・女	歳
E-mail：		
ご職業	公務員・会社員・自営業・自由業・主婦・農漁業・教職員（大学・短大・高校・中学・小学・他）研究生・学生・団体職員・その他（　）	
お勤め先・学校名	日頃ご覧の新聞・雑誌名	

※この葉書にお書きいただいた個人情報は、新刊案内や見本誌送付、ご注文品の配送、確認等の連絡のために使用し、その目的以外での利用はいたしません。

● ご感想をインターネット等で紹介させていただく場合がございます。ご了承下さい。
● 送料無料・農文協以外の書籍も注文できる会員制通販書店「田舎の本屋さん」入会募集中！
案内進呈します。　希望□

■毎月抽選で10名様に見本誌を1冊進呈■（ご希望の雑誌名ひとつに○を）

①現代農業　②季刊 地 域　③うかたま

お客様コード □□□□□□□□□□

お買上げの本

■ご購入いただいた書店（　　　　書 店）

●本書についてご感想など

●今後の出版物についてのご希望など

この本をお求めの動機	広告を見て（紙・誌名）	書店で見て	書評を見て（紙・誌名）	インターネットを見て	知人・先生のすすめで	図書館で見て

◇ 新規注文書 ◇　　郵送ご希望の場合、送料をご負担いただきます。

購入希望の図書がありましたら、下記へご記入下さい。お支払いはCVS・郵便振替でお願いします。

（書名）	（定価）¥	（部数）　部
（書名）	（定価）¥	（部数）　部

は、アミノ酸肥料を吸収して、そのアミノ酸を地上部（分けつ）より根を伸ばすことに優先して使う。根の伸長は速く、田植え翌日には新根を三〜五cm以上も伸ばしていることも多い。

伸び出してくる新葉は、葉幅が広く、厚いのが特徴である。葉幅が広いことは、その後に伸び出してくる分けつも太いということである。そのため、同じ葉齢であっても、化成のイネに比べると有機のイネの草丈は短く、ずんぐりした感じを受ける。

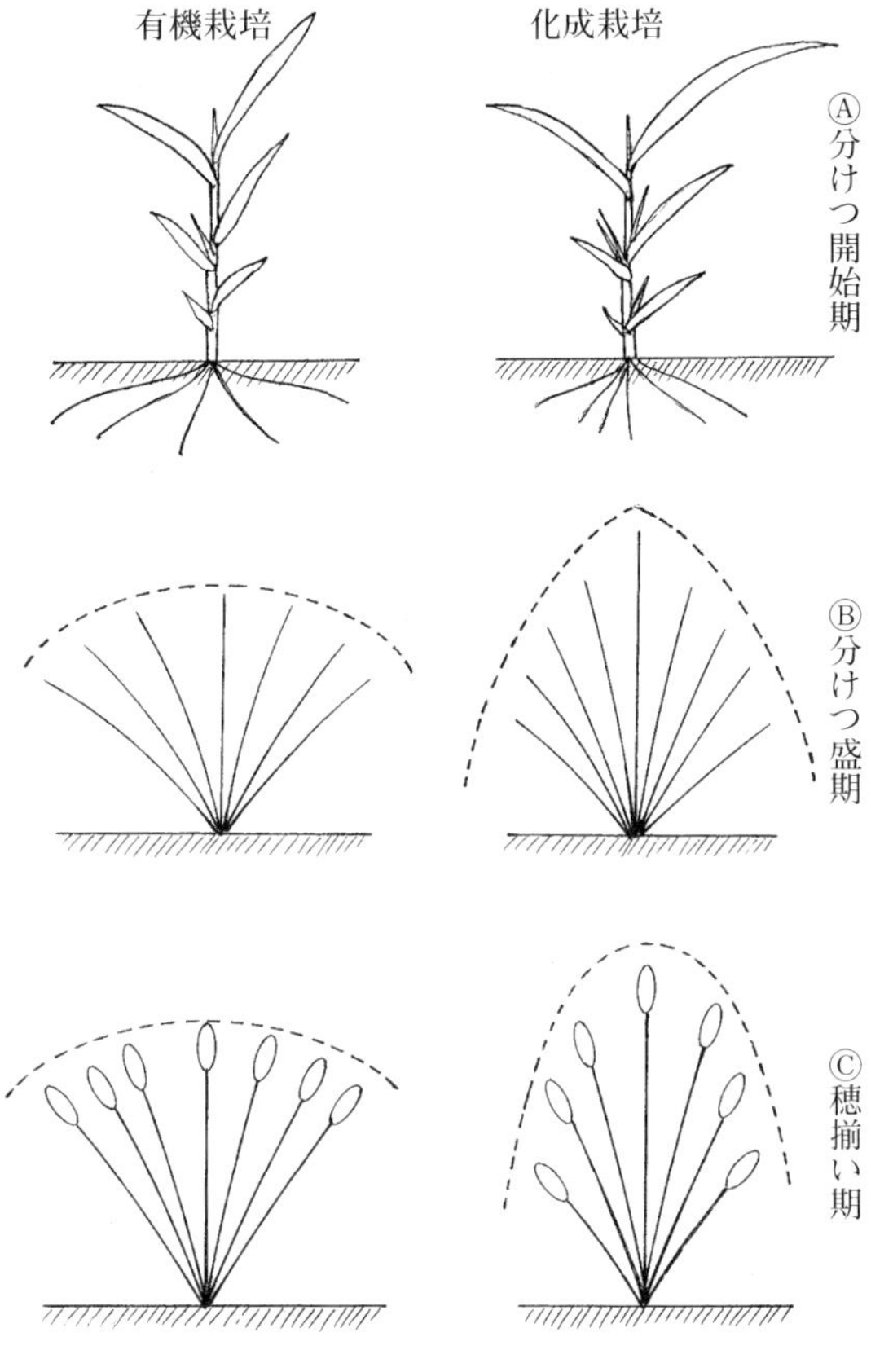
有機栽培
化成栽培
Ⓐ分けつ開始期
Ⓑ分けつ盛期
Ⓒ穂揃い期

図1−9　イネ姿の生育イメージ

(2) 分けつ盛期のイネ姿

●化成のイネは、親子で分けつの大きさに差

化成のイネは初発の分けつが早いために、分けつ盛期には二次分けつも出るようになり、分けつの増加が著しい。

植込み本数が多ければ、株元は、さながら満員電車のぎゅう詰め状態のような状態になる。寸胴《ずんどう》のような株元からうすい葉がひらひら伸びているような姿になることが多い。

一〜三本植えではそんなぎゅう詰め状態にはならないが、分けつ一本当たりの炭水化物の量が少ないので、出てくる分けつは細くなりがちである。そのため、株は開張するものの、その度合いが小さく、分けつの親と子の大きさの違いが大きくなってしまう。姿としては、開張はしているが、扇形というよりは「逆V字型」に近いものになる。

●有機のイネは扇形に開張、分けつも揃う

一方の有機のイネの生育は、田植え後ずっと化成のイネに比べて見劣りしている。それが根づくりの期間を経て分けつが始まると、急に分けつを増やしてくる。広く張った根で養水分を吸収して、厚く幅の広い葉でつくった炭水化物を使って、一気に茎数を確保する。

写真1－2　生育中期の有機栽培のイネ
分けつが太く，扇形に開張している

イネは下の葉でつくった炭水化物を使って上位の葉をつくっていく。有機の葉は厚くて光合成能力も高いので、炭水化物の生産量も多い。しかも施用するアミノ酸肥料の炭水化物部分や土にある水溶性の炭水化物を根から吸収しているので、利用できる炭水化物の量が格段に増える。そのため、相対的にだが、草丈の伸びより上の葉の出てくるタイミングが化成栽培のイネより早くなる。その結果、イネ姿は葉と葉のあいだの節間が短くて太い、草丈の短い、ずんぐりむっくりしたイネになる。

このようなイネから伸び出してくる分けつも、同じように太いものになり、それが親の葉鞘を押し分けるように伸び出してくる。イネ姿は扇を広げたように開張し、光を株全体が浴びるかたちになる。続いて出てくる分けつ茎も太くなり、主茎に肩を並べるように大きく伸び出し、充実する。その結果、分けつの大きさそのものも揃うようになる。

両者のイネの分けつのとれ方について、もう少し詳しく見てみよう。

(3)　分けつのとれ方の特徴

●化成では細い分けつが多くなりやすい

化成栽培では、イネが吸収した無機チッソをアミノ酸やタンパク質などにつくりかえて、からだづくりの材料にする。そのための時間がかかる。一方、そのままからだ（細胞）づくりに使え

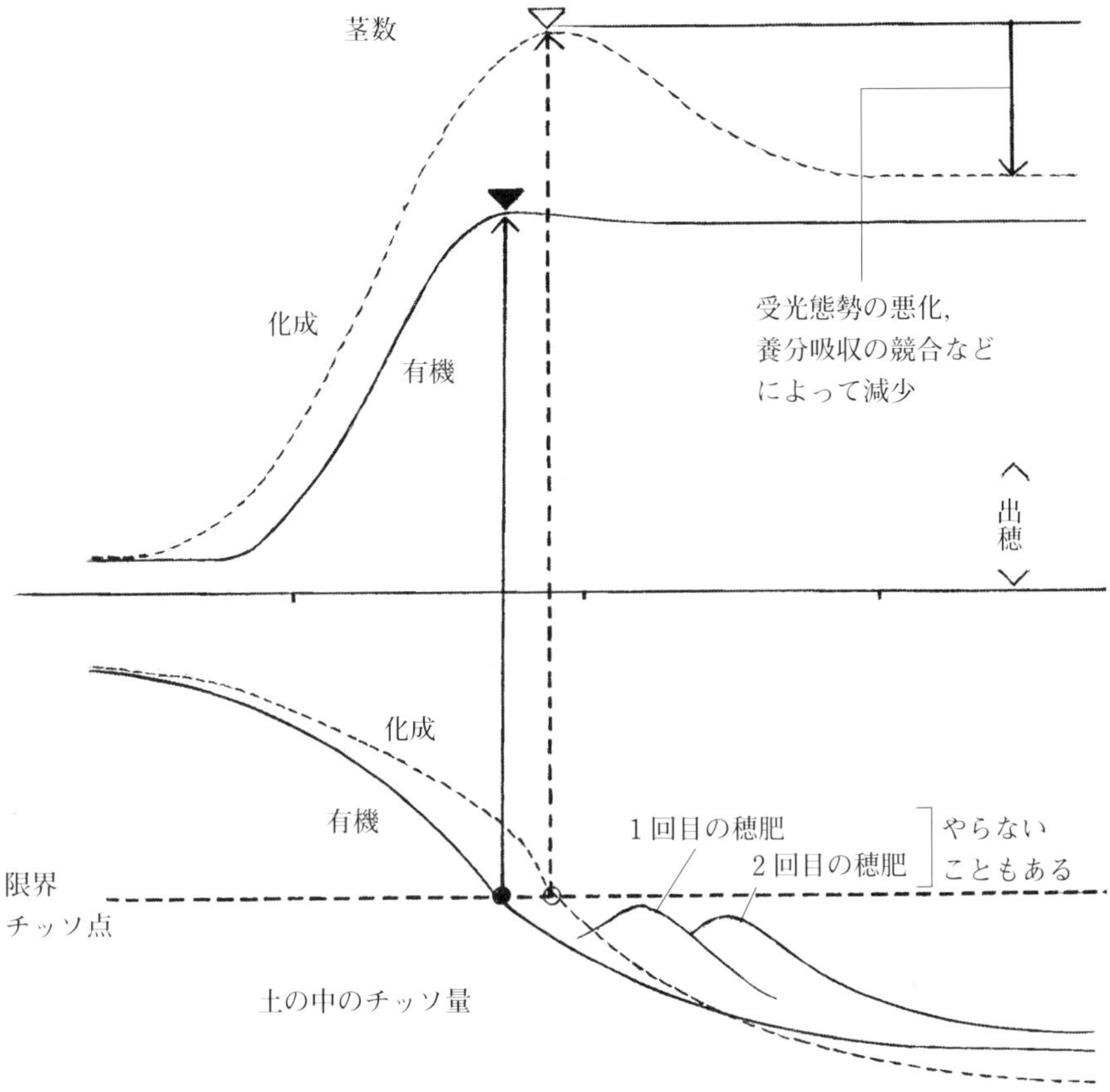
茎数
化成
有機
受光態勢の悪化，
養分吸収の競合など
によって減少
出穂
化成
有機
1回目の穂肥
2回目の穂肥
やらない
こともある
限界
チッソ点
土の中のチッソ量

図1―10　茎数と土中のチッソ量の推移

る有機態のチッソを施用する有機栽培ではそうした時間がかからない。効率よくからだづくりができる。

化成栽培のイネは有機イネに比べてからだづくりが遅れるのに、茎数増加は有機栽培より多いので、一本一本の分けつが細くなる。細い分けつでは、チッソの吸収力も小さいため、土壌中のチッソの減り方が遅くなる。すると、分けつが出なくなる土壌中のチッソ量（「**限界チッソ点**」と呼ぶ）になるまでに時間がかかる。しかしこのあいだにも分けつはとれ続け、茎数はさらに増加する。

つまり、有機栽培に比べ化成栽培のイネはチッソが残る形で茎数曲線の山がずれていくことになる（図1―10）。ふつう「限界チッソ点」がほぼ最高分けつ期になるのだが、このときの化成栽培のイネは、有機栽培のイネに比べて分けつが細く、数が多い。

表1−3　とれる分けつの違い

	分けつ数	分けつの太さ	チッソの使われる量	分けつの増減
化成栽培	多	細い	少	チッソが残る形で分けつの増減がつづく
有機栽培	少	太い	多	チッソが早めに減って分けつが止まる

●弱小分けつも生きて穂揃いが悪くなる

分けつ数が多いために、地上部では光の奪い合い、地下部では、養水分の奪い合いがおきる。その結果、枯死する分けつも出てくる。それが**有効茎歩合**の低下、無効分けつの増加となって現われる。

場合によっては、株内の比較的大きな分けつも力を失い、枯死することがある。その一方で、遅く出た弱小分けつが株の外側に位置しているおかげで、枯死せずに、出穂する場合も出てくる。このようなイナ株では穂の位置が揃わず、一穂モミ数のバラツキの大きいイネになる。これが化成イネの穂揃いが悪くなる要因のひとつになっている。

●有機栽培は無駄な分けつをしない

有機のイネは、扇形に開張するというイネの形だけでなく、その分けつのとれ方にも大きな特徴がある。

有機のイネは、分けつ盛期から終期にかけて、このままの勢いで茎数が伸びていくのかと思って見ていると、スッとスピードが落ち着いてしまい、最高分けつ期を迎える。

とれた分けつのほとんどが穂になり、枯れてなくなる分けつがきわめて少ない。つまり、有効茎歩合が高い（無効茎が少ない）。適切に管理されていれば、有効茎歩合は九〇％以上になる。

このわけは次のようにまとめられる。

有機栽培では、有機態チッソや水溶性炭水化物を吸収することによって葉や分けつが充実する。このような分けつは養分の吸収力も高いので、土壌中のチッソをどんどん吸収して、そのチッソを自分の分けつの充実（細胞つくり）にあてる。土壌中のチッソの減り方も速く、分けつが出なくなる「限界チッソ点」に達するまでの時間が化成より短い。このため、最高分けつ期の茎数も化成のイネほど多くはなく、一株二四〜二五本程度で落ち着き、充実した太い分けつが揃う。光や養水分の競合が少ないので、枯死する分けつが少なく、イナ株には太く充実した分けつが残ることになるというわけである。

(4) 穂揃い期のイネ姿

●穂揃いがよくない化成のイネ

前述のように、化成のイネは分けつの大きさに差があるため、穂の位置、一穂モミ数（穂の大小）にバラツキが出やすい。

天候がよく、穂肥や水管理が適切に行なえれば、逆V字型のイネの穂揃いをよくすることも可能だが、それには高い技術と経験が必要になる。

穂の位置のバラツキは、くず米を多く発生させる。穂の位置が低い、小さな穂はもともとコメ粒も小さいが、大きな穂の陰に隠れてしまい、登熟が思うように進まない。そのため、くず米になることが多い。

また、植込み本数が多い株では、コンバインにかからないほど穂の位置が低くなってしまうこともある。

写真1－3　登熟期の有機栽培のイネ

さらに、草丈（穂の位置）にバラツキがあれば、登熟の早い穂が乾燥しすぎて、立毛胴割れのようなこともおきてくる。穂の大きさのバラツキ、登熟の進み方の差は、品質低下の要因のひとつだ。

以上のように、化成栽培のイネは、くず米や胴割米の多い、収量・品質の上がりにくいイネ姿になることが多い。

●有機のイネは穂の位置が揃う

一方の有機のイネは、分けつの大きさが揃っていて、受光態勢がよいために、一本一本に光がよく当たり、またそれぞれの根も冠根のあいだを細い**綿《わた》根《ね》**が伸びて、土壌中の養水分、チッソ（アミノ酸など有機態チッソ）とミネラル分をくまなく吸うことができる。

その結果として、分けつ一本一本が充実し、親と子の分けつ間の差が縮小して、穂の高さが揃う。

一株を分解してみると、有機のイネは出穂した分けつ一本一本の長さがよく揃っていることがわかる。弱小分けつ・弱小穂が少ないことが有機栽培のイネの特徴である。

●茎が太く、葉が立つ

無駄な分けつが少なく、受光態勢が

よいので、光合成による炭水化物生産は当然多くなる。しかも根からは水溶性の炭水化物も吸収していて、これらの炭水化物はイネのからだのセンイづくりにも利用される。株元を水平に切ってみると、切り口は真円に近い形になっているほど、太い力強い分けつになっている。そうした中で、幼穂形成、節間伸長を迎える。

分けつが太いので、その葉鞘も厚く、葉幅の広い穂をつくる。幅の広い葉身が茎にしっかりと巻き付くかっこうになり、葉がしっかりと立つようになる。穂は葉が分化したものだから、葉幅の広い葉のイネは、大きな穂を出穂することになる。

(5) 穂の様子

●穂長のある、登熟のよい穂

光合成による炭水化物と根から吸い上げる炭水化物、それにアミノ酸肥料などのチッソ分によって、有機のイネは充実した穂を出す。その特徴は、穂首から穂先までの長さである穂長が長いこと。また一本一本の一次枝梗が適当な距離をおいて着いていることだ。

このような穂になれば、一穂モミ数が多くてもくず米、小米の少ない、登熟のよいイネになる。

●一穂のモミ数でなく登熟のよさが大事

一穂のモミ数が一五〇も二〇〇もあ

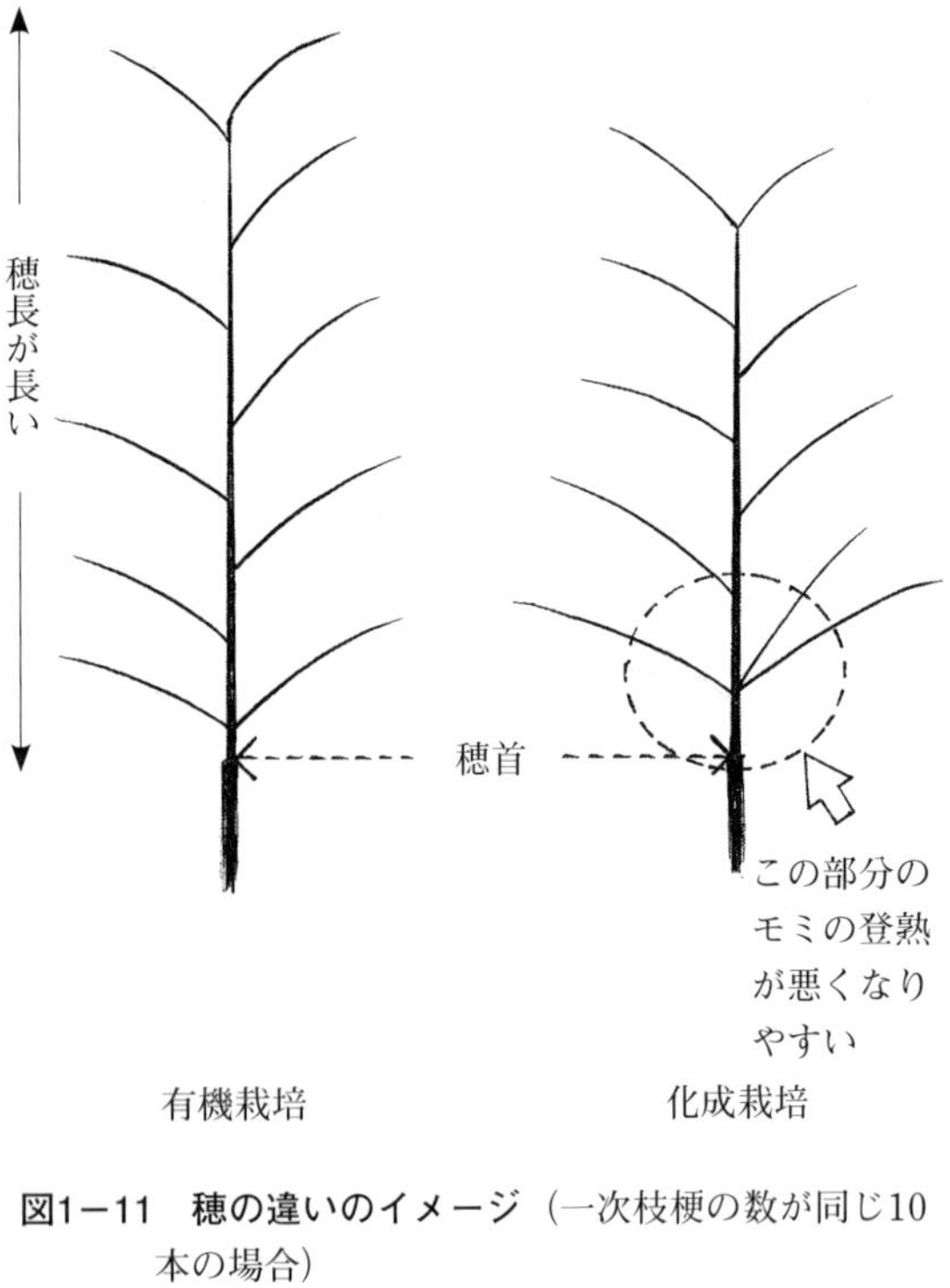
穂長が長い
穂首
この部分のモミの登熟が悪くなりやすい
有機栽培
化成栽培

図1−11　穂の違いのイメージ（一次枝梗の数が同じ10本の場合）

る大きな穂が見られるが、収量を決めるのはその多さではない。肝心なのは、モミ数より整粒数である。つまり、一穂のうち、どれだけのモミが整粒になるか、くず米、小米はどの程度に抑えられているか、ということが肝心なのである。

●穂首に近い一次枝梗で登熟の判断

モミ数の多い穂でよく見られるのが、穂首に近い一次枝梗が三〜四本、密集して着いているものである。中には穂軸の同じ位置から三本の一次枝梗が出ている穂もある。このような穂では、付け根部分の二次枝梗モミがごちゃごちゃと混みあい、重なりあっている。そして、モミが変形していたり、シイナになっていて、整粒は少ない。モミすりしてみると、くず米などアミ下の多い、登熟の悪いイネなのである。

穂首近くの一次枝梗が適当な間隔を保っていないと、二次枝梗モミの登熟が悪くなり、全体の登熟歩合を引き下げてしまうのである。

●モミにデンプンを送り込む力に優れる

穂首近くの一次枝梗間の間隔が適当にあるということは、登熟のよい穂のひとつの条件である。同じ一穂モミ数の穂であれば、穂長のある穂はモミに送られる栄養の分配率が均等になるため、登熟により優れている。

また、枝梗はセンイの束である。センイをつくるセルロースは炭水化物(ブドウ糖)が直鎖状に連なったものだが、その炭水化物を、イネ自身の光合成からだけでなく土壌からも吸収できる有機栽培のイネは、化成栽培のイネに比べて、利用できる炭水化物の総量が多く、枝梗を充実させ、モミにデンプンを送り込む機能も高い。

●千粒重が高くなる

有機栽培しているイネでも、とくに二回目の穂肥を施用したイネは、千粒重の増加が大きい。

有機栽培のイネは受光態勢がよく、登熟歩合も高いが、チッソ肥効が切れてくれば、葉緑素を維持することができなくなり、光合成は低下してくる。

しかし、このチッソ肥効を二度の補肥できちんと補ってやることで、登熟期間中の光合成=炭水化物の生産を高く維持することができると同時に穂肥のアミノ酸肥料がもっている炭水化物部分をそのままモミにふり向けることができる。

この結果、モミに送り込まれる炭水化物の総量が多くなり、千粒重の高い丸々としたコメ粒になるのだ。通常二一〜二二gの千粒重が二三〜二四gになることもめずらしくはない。

第2章

秋処理の考え方と実際

写真2－1　ワラがしっかり分解している田の白い根

写真2－2　ガスがわいたために根がいじけてしまったイナ株

イネ刈り後の田んぼには多くのワラやイナ株がそのまま残っている。第1章で述べたように、これら田んぼに残っている有機物を春までにいかに分解できるかが、イネの**有機栽培**を成功させるもっとも大切なポイントである。いうならば有機のイネつくりは秋から始まる。この章ではその秋から始まるイネつくりのスタート、**「秋処理」**について紹介する。

1　秋処理のねらい

(1)　ガスわきを防ぐ

ここでもう一度、「秋処理」について整理しておくと、その一番の大きなねらいは、ワラやイナ株を分解して、本田でガスわきしないようにすることである。ガス、とくに**硫化水素**は有機栽培のイネつくり最大の敵だからだ。硫化水素を防ぐすべをもっていない有機栽培の**白い根**は、ワラ処理が的確にできてはじめて、その力を発揮することができる。

また、秋処理でワラの分解が進めば、浮きワラが減り、**表層剥離**も減少する。その結果、浮き苗による欠株が少なくなり、浮きワラを引き上げたり、補植をする手間も減らすことができる。

(2) 雑草の抑制

秋処理のねらいのもう一つは、雑草の抑制である。有機栽培で除草がうまくいかずに、草取りに追われてしまったり、草に肥料分をとられてイネの収量が大きく落ち込んでしまったりする人は多い。

そこで、秋にワラ処理とあわせて土を耕耘してやる。こうすることで土中の雑草のタネが発芽を促され冬の寒さにあたって枯れる。結果、春に雑草が芽生えるのを防ぐわけである。

もちろん、雑草防除はこの秋処理だけでは不十分で、代かきのときや田植え後にも、いろいろな手立てを講じる。有機栽培の除草対策はいくつかの技術のあわせ技で対応する必要がある（詳しくは第5章を参照）。

秋処理のねらいは
ワラの分解と
雑草の抑制の
2つ

図2−1　秋処理のねらい

写真2−3　秋処理が十分でないためにガスがわいてイネの生育が悪い田んぼ

ガス抜きのために水を落としたら雑草が生えてきてしまった

(3) 水溶性炭水化物の役割

さらに、秋処理でねらいとしてあげられるのが「地力」の増進だ。私は、冷害や天候不順、その他いろいろなストレスの中でも作物が健康に生長できるように支える土の力を、「地力」と考えている。そして田んぼではこの「地力」を水溶性**炭水化物**がになっていると見ている。その水溶性炭水化物の本体が、ワラなどのセンイだ。

ワラやイナ株はセンイのかたまりである。その分子構造は、ブドウ糖をまっすぐ直鎖状に長くつなげた形をしている。これを微生物を利用して切断し、さらに小さな分子におきかえる。このような過程を経ることで、ワラなどのセンイは分解され、一部が水溶性の炭水化物となる。

●イネの炭水化物生産を補う

有機栽培のイネが、冷害の年にさほど大きな減収をせずに済んだというニュースがよく聞かれる。これは、この水溶性の炭水化物をイネが吸収し、冷害で十分な**光合成**ができないイネの炭水化物生産を補ったからだと考えられる。

●土壌団粒をつくる

さらにこの水溶性炭水化物は、土壌中で「糊」の役目もする。土壌鉱物やワラの分解途中の大小のセンイなどの有機物をくっつけ、土壌団粒をつくるのである。土壌団粒は通気性や保水性、排水性にすぐれた構造をもっているので、土と雑草の種子が分離しやすく、雑草処理がしやすくなる。

●イネの炭水化物生産を補う

このように、秋処理によってワラの分解を促すことは、田んぼの地力を高め、土壌団粒を発達させ、そこに育つイネに気象対応力をつけるということでもある。

(4) イネつくりは秋から始まる

秋処理では、ワラの分解に米ヌカか、**発酵**鶏ふんを一〇〇～一五〇kg程度、チッソ成分で三～四kg施用する。このチッソ分は微生物の増殖に使われ、菌体タンパクに組み換えられる。さらに、タンパク質でできている微生物の遺体は、より分子の小さい**アミノ酸**などの有機酸類にまで分解される。

この有機酸は、秋処理で一緒に施す石灰や苦土などの**ミネラル肥料**と**キレート**をつくり、pHを適正な範囲におさめると同時に、**ミネラル**をイネに吸収されやすい形にする。

秋処理後の田んぼの土壌は春にかけて、適正なpHを保ちながら、水溶性の有機のチッソ肥料としてのアミノ酸や、地力の源である水溶性炭水化物、そしてキレート化して吸収されやすくなったミネラル肥料が準備される。

このような田んぼにするために秋から作業を開始する。つまり、イネの有機栽培は秋から始まるということなのである。

2　ワラの分解を進める

（1）ワラの分解に必要なのは

秋処理はイネ刈り後、ただちに行ないたい。しかし、ただ耕耘するだけではワラの分解は十分には進まない。ワラなど有機物の分解を十分に進めるには、次のような条件を補ってやることが必要である。すなわち、

①ワラを分解する微生物の栄養源としてのチッソ
②ワラの分解を進める微生物（バチルス菌、納豆菌の仲間）
③ワラが分解しやすい環境づくりに役立つ石灰
④ワラを分解する微生物がもっている**酵素**に必要な苦土

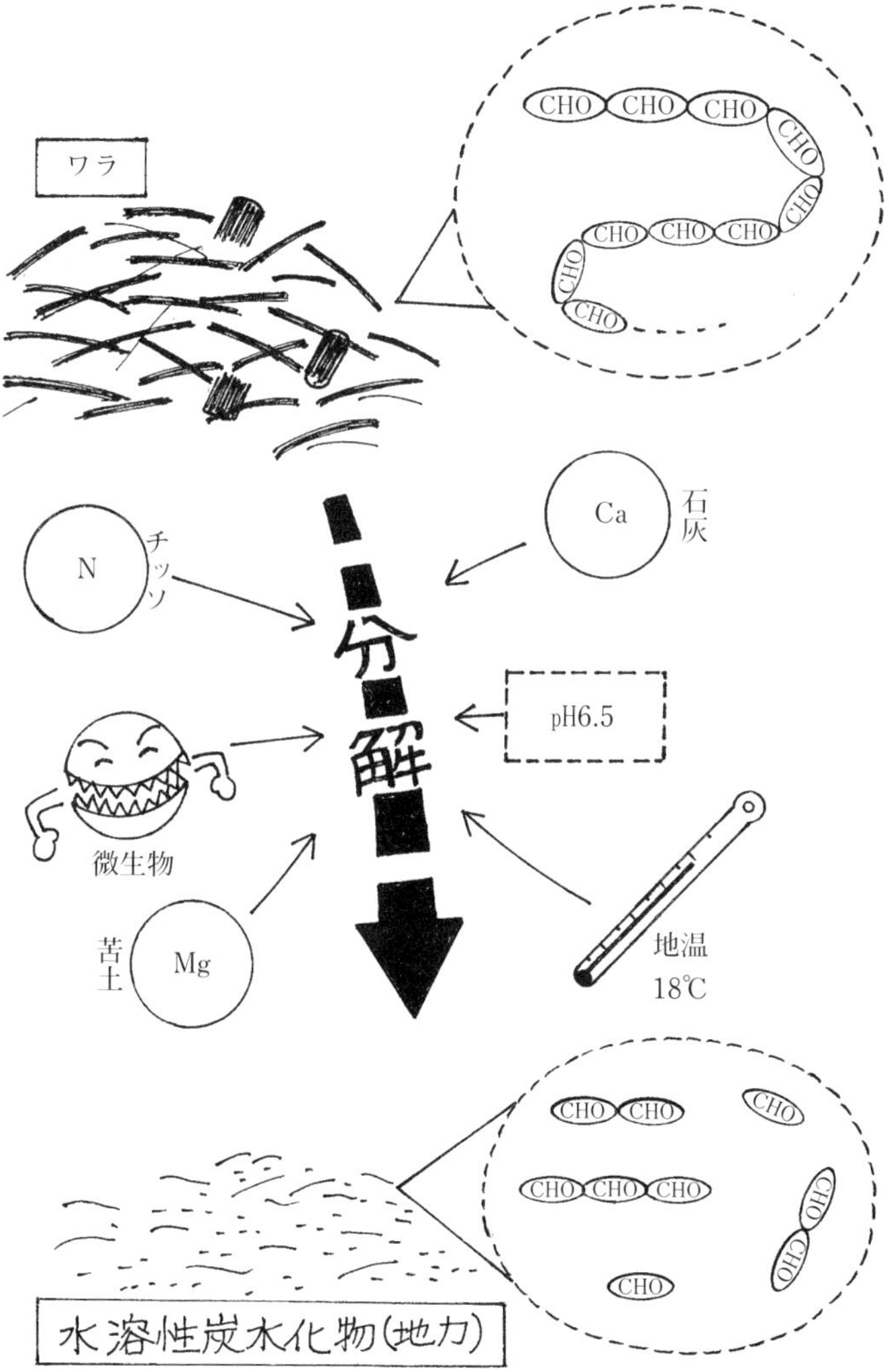

CHOは炭水化物の単位をイメージしたもの

図2−2　ワラの分解を進める6つの要素

⑤pH六・五（石灰、苦土で調整）
⑥地温一八℃以上（寒くなる前に耕耘）である。以下、それぞれ簡単に説明しておく。

(2) 微生物の栄養源としてのチッソ

微生物がワラのような有機物を分解するには、チッソ分が必要になる。ワラはセンイが多く、それを取り込んで微生物が増殖していくためには、微生物の細胞をつくるタンパク質の原料であるチッソが必要になるからである（①）。

一反分のワラを分解するのに必要なチッソ量は三～四kg。身近な資材としては米ヌカ一〇〇～一五〇kg、発酵鶏ふんであれば一〇〇～一五〇kg必要である。これらを秋の耕耘前に田んぼ全面にまいておく。

わいたガスに着火すると燃える

春の荒起こし前、気温も上がってきた頃、ワラの散らかった田んぼに足を踏み入れると、ブクブクとガスがわいてくる。また、田植えが済んで一ヵ月もたった頃、初夏のような陽気のときに田んぼに入ると、足を踏み込むたびに泡がブクブクとわき上がってくる。ドブのようなにおいがあたり一面にしてくる。

こんなとき、泡が盛んにわいている地面や水面に近いところへライターをもっていき、着火する。すると、ふわっと火がつくことがある。

ワラなどの分解によって生じた可燃性のガス（メタンガスなど）が燃えたのである。

このようなことは結構どこでも見られる。夕方や夜など、火がよく観察できるようなときに試してみていただきたい。そんなガスが有機物の分解過程で出てくるのである。

もちろん、秋処理をしっかり行なった田んぼでは、ガスは出たとしても可燃性のものではなく、ライターで火をつけても燃えることはない。

(3) ワラの分解を進める微生物

ワラを分解する微生物はどこにでもいる。コンバインが排出した切りワラにも多くの微生物が付着していて、適当な温度や水分、栄養があれば増殖し、ワラの分解を進めてくれる。しかし私は春までにワラをできるだけ分解しておくために、微生物の栄養源として施用する発酵鶏ふんをつくるときに、バチルス菌（納豆菌の仲間、②）を添加する。バチルス菌はワラ分解能力が高いからだ。ただし、この微生物は好気性菌なので、酸素の少ない土中深くではあまり働かない。そのため耕耘は一〇cm程度を目安とする。

（4）石灰・苦土の役目

チッソ分のほかに施用する資材としては石灰と苦土が必要である。その他、土壌分析をして不足しているミネラル分も施用しておく。鉄やケイ酸、マンガンなどが不足していることも多い。

写真2－4　秋処理は地温が高いうちに行なうことが肝心

秋処理時に、石灰と苦土が重要なのは、イネにとって多量に必要とする肥料養分（石灰は細胞膜、苦土は葉緑体の構成物質）であるだけではない。石灰のpH調整効果により、微生物がワラを分解しやすくなるのと（③）、苦土は、ワラを分解する微生物の体内酵素の材料だからである。つまり苦土が十分ないと、微生物が十分に増殖できず、ワラの分解も進まないということになる（④）。さらには、pHを上げる資材として欠くことができない（⑤）。pHが低いと、鉄が過剰に溶け出して、イネの根に赤く張り付いてしまい、養水分の吸収が阻害され、根まわりに有用微生物が居着くことができなくなってしまう。また、有用微生物の活動も抑えられてしまう。pHの値によって、ミネラルの溶け出し方が変わったり、微生物の種類や数、消長に影響するのである。

（5）地温が一八℃あるうちに耕耘

そして地温が一八℃あることが重要である。地温が低いと、微生物の活動そのものが停滞してしまう。チッソ分やミネラル肥料などのエサや栄養源があっても、微生物が動けないのである。

したがって秋処理の際は地温が高いうち、つまり微生物が十分働けるうちに、必要な資材を施用し、耕耘しておくことがポイントになる。

冬の早い地域や、面積の広い農家の場合は、イネ刈りが優先されるため、秋起こしをするのは、地温が下がってからになってしまいがちなのだが、ここは工夫のしどころでもある。

(6) 秋処理で春作業が軽減

たとえば、東北地方で有機栽培に取り組んでいる農家では、何戸か共同で秋の作業を行ない、イネ刈りをするグループと資材を投入してトラクタで耕耘するグループに分けている。このようにすることで、春にはワラの分解も予想以上に進んだという。それまでは、ワラのセンイが代かきで土と混ざり、耕耘後のガスわきによって田面から浮き上がる表層剥離がおき、浮き苗だらけだった。また、ワラの分解も進まなかったため、浮きワラも多かった。

ところが有機栽培に切り替え、暖かいうちに秋処理を行なうことで、田んぼの様子が一変した。浮きワラが大幅に減り、表層剥離がおさまり、浮き苗が驚くほど少なくなった。これには、土の酸性が改良されて苗の根の伸びもよくなったことも関係している。pHの改良、秋作業のやり方を変えることで、春の田植え後の補植が大幅にラクになったのである。

3 秋処理の手順

秋処理のやり方そのものは通常行なっている秋起こしとかわらない。

(1) 土壌分析で養分の過不足を知る

秋処理のときには、必要な資材を投入しなければならないから、イネ刈り前に田んぼの土壌分析をしておきたい。ミネラル肥料で不足しているものは何で、どのくらい施用したらよいかを前もって知っておかなければならないからだ。

イネ刈りが終わり、コンバインの切りワラが散らばっている田んぼに、分解に必要な資材、発酵鶏ふんやミネラル肥料などを施用する。このとき暖かい地方では同時に雑草の発芽促進のための乳酸菌発酵液の散布も行なう。耕耘のときにトラクタに積んだタンクから滴下してもよいし、噴霧器などでさーっと田面に散布してもよい。

(2) 耕耘のしかた

トラクタの耕耘は、田んぼが乾いている状態で、地温が一八℃以上あるときに行ないたい。耕深は一〇cm程度、これは発酵鶏ふんに含まれているバチルス菌が好気性菌のため、あまり深く耕耘したのでは空気が少なくなって働きが鈍るからである。

地温が一八℃以上あると、ロータリの回転もスムーズで、作業も早い。時間が許せば、秋起こしの回数は多いほどワラなどの分解は進む。

(3) 春に秋処理の効果がわかる

ワラの分解が進んでいると、春の荒起こし時には土壌の団粒構造が発達してきているので、ロータリの刃がサクサク入っていく。作業も早く、機械の故障なども少なくなる。土と雑草の種子が分離しやすく、雑草処理の効果が高まる。また、微生物の活動も盛んなせいか地温の高まりも早く、寒地でも雪解けが早いという声をよく聞く。さらに田植え後の苗の活着、揃いがよくなる。

反対にワラの分解が十分進んでいないと、荒起こしなどのトラクタ作業でも、土が重く感じられるという。雪解けや地温の上昇なども、秋処理を行なってきた田んぼよりどうしても遅くなりがちである。

4 春から始める場合の留意点

(1) 秋処理から始められなかった!

イネの有機栽培は秋から始めないといけない理由は、ワラの分解を十分に進めておかないと、本田に入ってから未分解の有機物が腐敗分解の方向に進んでしまい、イネの根に悪い影響を与えるからである。これではせっかくの有機栽培の長所を生かすことはできない。

しかし、農家の事情によっては秋処理に思うような時間がかけられないということがおきる。冠婚葬祭があったり、健康上の問題、あるいは秋の気候の関係、さらには有機栽培を知ったのが年が明けてから、というようなことがある。

このようなときはどうしたらよいだろうか。

(2) 基本はガスの発生を抑えること

秋処理をしないで、春から有機栽培に取り組む際にもっとも問題になるのは、ワラなどの有機物の分解が進んでいないために、本田に入ってからガスがわいて、イネの根を傷めてしまうことである。しかし、そんな場合でも「春処理」によってある程度の成果をあげることは可能である。

秋処理に比べて春処理は、とにかく田植えまでの時間が圧倒的に短い。その短い期間にできるだけワラなどの有機物の分解を進めて、本田でのガスの発生を抑えて、イネの根に悪さをしない状態にしなければならない。

(3) 嫌気性のセンイ分解菌を利用

そこで、次のような手立てを勧めている。

この時点ではワラを分解するバチルス菌の増殖が十分ではない。そこで、有機物が腐敗しないような微生物資材を施用しておくのである。

あとは、秋処理同様に土壌分析をして石灰や苦土を施用し、pHを六・五にする。さらにワラを分解するためのチッソ源として米ヌカや発酵鶏ふんをチッソで三～四kg施用しておく。そして、これに嫌気性のセンイ分解菌を他の資材と一緒にワラの上からふって、耕耘、代かきといった春作業を進めるのである。

秋処理に比べ、多少コストはかかるものの、有機栽培の成果をみるには、やっておく価値は十分ある。

(4) 必要ならガスを抜く手立てを併用する

このような春処理をすれば、本田でのガスわきはかなり抑えられる。しかし、秋処理に比べるとその効果は十分とはいえない場合も出てくる。そのようなときは、軽く落水してガスを抜いたり、除草機を押したりして、根に障害がおきないようにすることが必要である。

第3章

施肥の考え方と実際

有機栽培の施肥の二本柱は、**アミノ酸肥料**と**ミネラル肥料**である。この二つの肥料をバランスよく施すことがイネの生育を強め、品質・食味・収量を上げていくことにつながる。

この章では、イネの有機栽培ベースとなる施肥の考え方と実際について紹介する。

1 秋処理でのミネラル施肥

(1) 土壌分析結果から石灰・苦土などを補う

●ミネラル供給とpHの矯正

秋処理では、ワラ処理のための**発酵鶏ふん**や米ヌカなどのほかに、不足しがちな石灰や苦土といったミネラル肥料もあわせて施用する。これはそれらを補給するとともに、pHを適正にして過剰な鉄の溶け出しを防ぐためでもある。

ミネラル肥料の施用量はイネ刈り後に土壌分析を行ない、そのデータをもとに決める。私たちが使っている**施肥設計ソフト**にそのデータを入力すれば、施肥量は簡単に求めることができる。この、施肥設計ソフトはマイクロソフト社製のの表計算ソフトのエクセルを用いたもので、一般に公開している。入手法については用語集178ページを、使い方については拙著『有機栽培の基礎と実際』の付録を参照していただきたい。

●一年目は耕耘深度一〇cmを土壌改良

有機栽培の一年目は、施肥設計ソフトの耕耘深度一〇cmの欄のpHを、六・五になるように石灰や苦土の施肥量を決める。

イネの根が養分を吸収する範囲はおよそ二〇cmまで。本来なら耕耘深度二〇cmの欄のpHを六・五として設計したいのだが、**化成栽培**の田んぼはpH四・五～五・五の土壌が多く、耕耘深度を深くとると、反当たり数百kgものミネラル資材を投入しなければならなくなる。このような施肥を行なうのは、労力的にもコスト的にも無理がある。

まずは田植え後のイネの根まわりの部分だけでも、pHと**ミネラル**の量を適切な状態にしておくことが大切だ。そこで段階的な対応として、一年目は耕耘深度一〇cmで設計を組むようにして、二年目からは改良する作土を二〇cmに広げて設計する。

●生育途中の低下も考えpH六・五でスタート

ところで、土壌pHを六・五に設定するには理由がある。つまり、なぜpH六ではなく六・五なのか、ということである。

たしかにpHは六程度でも、鉄の過剰な溶け出しを抑えることはできる。しかし、イネが田んぼで生育する五〜六ヵ月の間に石灰や苦土は徐々に吸収されてpHも次第に下がっていく。

そして、もっともイネに**光合成**で稼いでほしい登熟期に、pH五・五とか五・四になってしまう。これぐらいにpHが下がると、鉄の過剰な溶け出しを再度招き、登熟を支える根を酸化鉄の皮膜が覆うことになる。そうなると、必要な養水分が吸収できず、粒張りの悪い、食味の上がらないイネになってしまう。軽い秋落ちのような現象を招いてしまうのである。

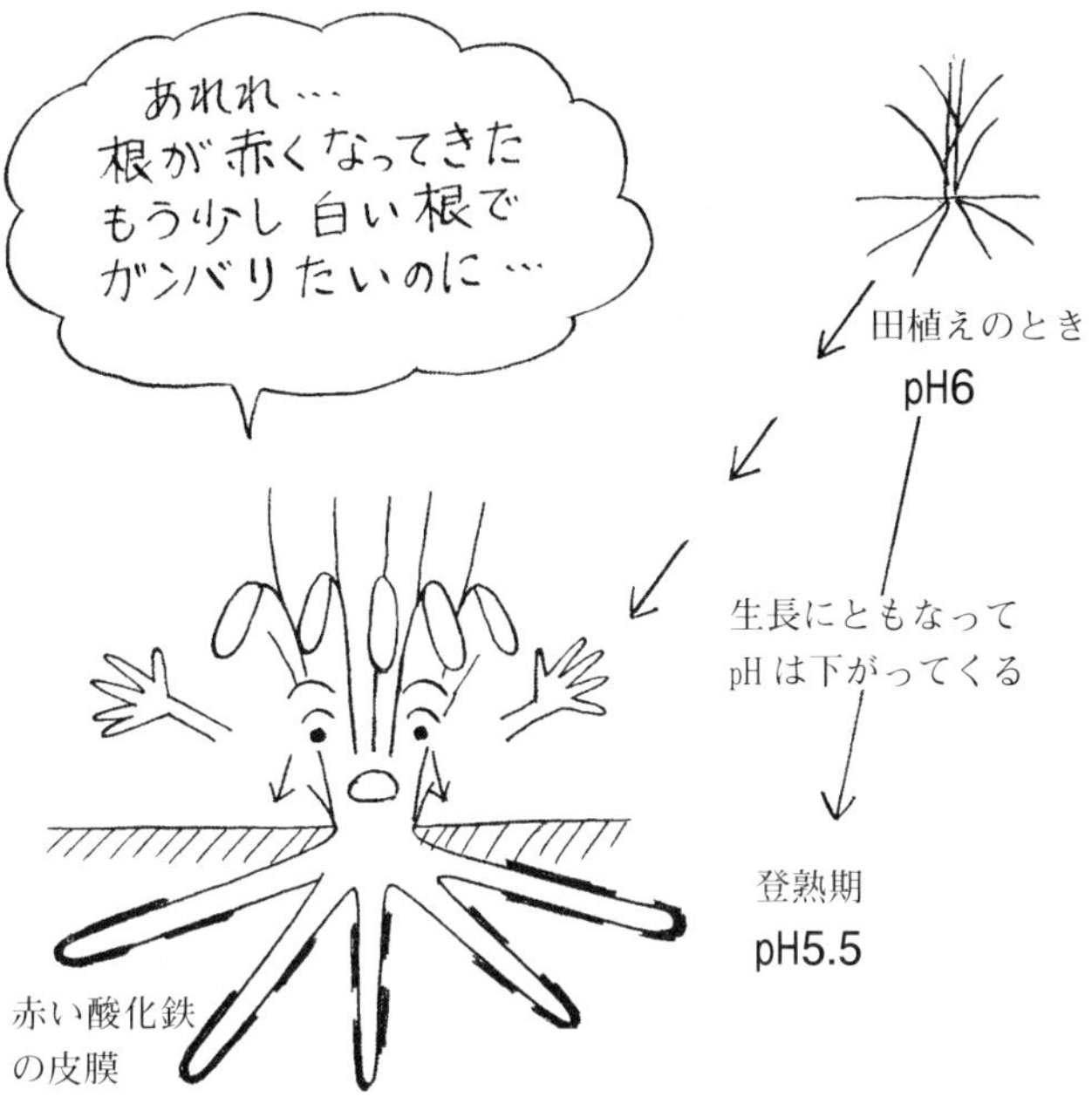
あれれ…
根が赤くなってきた
もう少し白い根で
ガンバりたいのに…
田植えのとき
pH6
生長にともなって
pHは下がってくる
登熟期
pH5.5
赤い酸化鉄
の皮膜

図3−1 田んぼのpHはイネの生育期間中に下がってくる

スタート時点のpHを六・五に設定すれば、イネつくりの期間中、最後の登熟期まで、鉄の過剰な溶け出しを抑えて**白い根**を維持し、養水分の吸収を促すことができる。

●石灰は漸減できるが、苦土はしっかり施用

このように、pH六・五を目標に石灰や苦土を投入していくと、一年目は大量に施用しなければならなかった石灰も二年目以降、その施用量は徐々に減ってくる。いったんpHの土台となる部分をつくってしまえば、後はイネの吸収分を補う程度でよくなる。

しかし、苦土は二年目以降も一年目とあまり変わらない施用量を必要とする。苦土はpHの土台をつくるというよ

で設計した場合

苦土	ホウ素	マンガン	鉄	必要量（kg/反） 元肥	追肥1	追肥2	当該圃場 総施肥量
0%	0.0%	0.0%	0.2%	400			400
70%	0.0%	0.0%	0.0%	75			75
27%	0.0%	0.0%	0.0%				
40%	0.3%	0.0%	0.0%				
	0.4%	5.0%	5.0%				
			20.0%				
				475			

ミネラル指標				
	ミネラル飽和度		適正領域	
項目	10cm	30cm	下限	上限
石灰	51.1%	29.4%	40.0%	60.0%
苦土	11.9%	4.2%	10.0%	15.0%
カリ	4.4%	4.4%	3.5%	5.0%
合計	67.0%	38.0%	54.0%	80.0%
ミネラル比率			下限	上限
石灰：カリ	11.7	6.8	9	15
石灰：苦土	4.2	6.9	4	6
苦土：カリ	2.7	0.9	2	4
成分量	元肥	追肥1	追肥2	成分総量
チッソ	0.8			0.8
リンサン	0.8			0.8
カリ	0.0			0.0
石灰	212.0			**212.0**
苦土	54.2			**54.2**
ホウ素	0.04			40
マンガン	0.08			80
鉄	0.64			640

表3－1　1年目耕耘深度10cm

	水田名			土質		
	作物名			面積	1	反
	肥料名	特徴	チッソ	リンサン	カリ	石灰
ミネラル	**ハーモニーシェル**	水＆ク溶性石灰	0.2%	0.2%	0.01%	53%
ミネラル	**マグマックス**	ク溶性石灰 pH6.7 以下	0.0%	0.0%	0.0%	0%
ミネラル	マグキーゼ	水溶性 pH4 ～ 8	0.0%	0.0%	3.0%	2%
ミネラル	ブルーマグ	水・ク pH7.3 以下	0.0%	0.0%	0.0%	1%
ミネラル	ケルプペレット					
ミネラル	アイアン（鉄）パワー	鉄肥料				

施肥前の分析値	施肥前の補正値			施肥後の補正値		
診断項目	測定値	下限値	上限値	耕耘深度		
比重	1.2			10cm	20cm	30cm
CEC	19.3	20	30			
EC	0.14	0.05	0.3			
pH（水）	5.0	6	7	6.5	6.0	5.5
pH（塩化カリ）	4.0	5	6			
アンモニア態チッソ	0.5	0.8	9	1	1	1
硝酸態チッソ	1	0.8	15	1	1	1
可給態リンサン	30	20	60	31	30	30
交換性石灰 CaO	100	217	325	277	218	159
交換性苦土 MgO	1	39	58	46	31	16
交換性カリ K_2O	40	33	52	40	40	40
ホウ素		0.8	3.6	0.3	0.2	0.1
可給態鉄	5.0	10	30	10.3	8.6	6.8
交換性マンガン	5.0	10	30	5.7	5.4	5.2
腐植		3	5		0.0	
塩分	0.005				0.0	

■設計例①

表3―1は化成栽培を続けてきたpH5.0だった田んぼの設計例。この田んぼを，耕耘深度10cmでpHが6.5になるように石灰・苦土を施用するには，成分で石灰212kg，苦土54.2kg必要になる。実際の資材で施用すると，たとえば「ハーモニーシェル」（石灰53％）だと400kg，「マグマックス」（苦土70％）だと75kgという量になる

で設計した場合

				必要量（kg/反）			当該圃場
苦土	ホウ素	マンガン	鉄	元肥	追肥 1	追肥 2	総施肥量
0%	0.0%	0.0%	0.2%	90			90
70%	0.0%	0.0%	0.0%	70			70
27%	0.0%	0.0%	0.0%				
40%	0.3%	0.0%	0.0%				
	0.4%	5.0%	5.0%				
			20.0%				
				160			

ミネラル指標				
	ミネラル飽和度		適正領域	
項目	10cm	30cm	下限	上限
石灰	52.1%	45.8%	40%	60.0%
苦土	17.0%	7.9%	10%	15.0%
カリ	4.9%	4.9%	3.5%	5.0%
合計	74.0%	59.0%	54.0%	80.0%
ミネラル比率			下限	上限
石灰：カリ	10.7	9.4	9	15
石灰：苦土	3.0	5.7	4	6
苦土：カリ	3.4	1.6	2	4
成分量	元肥	追肥 1	追肥 2	成分総量
チッソ	0.2			0.2
リンサン	0.2			0.2
カリ	0.0			0.0
石灰	47.7			**47.7**
苦土	49.4			**49.4**
ホウ素	0.01			9
マンガン	0.02			18
鉄	0.14			144

表3－2 2年目耕耘深度20cm

	水田名			土質		
	作物名			面積	1	反
	肥料名	特徴	チッソ	リンサン	カリ	石灰
ミネラル	**ハーモニーシェル**	水＆ク溶性石灰	0.2%	0.2%	0.01%	53%
	マグマックス	ク溶性石灰 pH6.7 以下	0.0%	0.0%	0.0%	0%
	マグキーゼ	水溶性 pH4 ～ 8	0.0%	0.0%	3.0%	2%
	ブルーマグ	水・ク pH7.3 以下	0.0%	0.0%	0.0%	1%
	ケルプペレット					
	アイアン（鉄）パワー	鉄肥料				

	施肥前の分析値			施肥後の補正値		
診断項目	測定値	下限値	上限値	耕耘深度		
比重	1.2			10cm	20cm	30cm
CEC	15.1	20	30			
EC	0.14	0.05	0.3			
pH（水）	6.0	6	7	6.7	6.5	6.2
pH（塩化カリ）	5.2	5	6			
アンモニア態チッソ	0.5	0.8	9	1	1	1
硝酸態チッソ	1	0.8	15	1	1	1
可給態リンサン	30	20	60	30	30	30
交換性石灰 CaO	180	169	254	220	207	193
交換性苦土 MgO	10	30	46	51	37	24
交換性カリ K_2O	35	26	41	35	35	35
ホウ素		0.8	3.6	0.1	0.1	0.0
可給態鉄	5.0	10	30	6.2	5.8	5.4
交換性マンガン	5.0	10	30	5.2	5.1	5.1
腐植		3	5		0.0	
塩分	0.005				0.0	

■設計例②

2年目になるとpHもだいぶ改善されてくる。たとえばpHが6になった場合を想定したのが，表3―2だ。2年目になると，土壌分析値も改善されるので，資材の投入量も減ってくる。2年目以降は，施肥設計ソフトの耕耘深度を20cmのところでpHが6.5になるよう施肥量を求める。成分で石灰47.7kg，苦土49.4kgという設計量である。先ほどの資材でいえば「ハーモニーシェル」が90kg，「マグマックス」は70kg施用すればよいことになる

表3－3　各種要素の働き（イネ用）

作用＼要素	チッソ	リンサン	カリ	石灰	苦土	ケイ素	イオウ	マンガン	ホウ素	鉄	銅	亜鉛	モリブデン	ナトリウム	塩素	ゲルマニウム
根の発育促進	◎	◎	○	◎			○	○	○	○			○	○		○
茎葉の健全強化	○	◎	○	◎	◎	○	◎	○	○	○	○	○		○	○	○
根ぐされ防止		○		◎	○			○	◎	○						
病害抵抗力強化	◎	◎	◎	◎	◎	○	○	○	○	○	○	○	○	○	○	○
デンプンつくり促進	◎		○	◎	◎									○		

▢ は見落としがちなミネラル

りも、光合成を行なう**葉緑体**の中心物質なので、毎年、必要量を欠かさずに補わなければならないからである。

(2)　ミネラルの重要性

●生長の各段階で必要なミネラル

ミネラルはこの石灰と苦土以外にもイネが健全に育つために多くのものが必要である。

表3―3はイネの生育に必要な各種要素の働きをまとめたものである。作用の欄は上から順に、イネが新しい根を伸ばすときに必要な要素から、新しい葉や分けつが増加するときに必要な要素、さらには気温が高くなってくると発生するガスわきなどに伴う根ぐされを防ぐための要素、葉イモチやモンガレ病などの病害への対応、そして出穂後の登熟を順調に進めるための要素、と生育順に並べてある。

●見落としがちなミネラル類

このうちとくに見落としがちなのが、表のアミのかかったところのミネラルの働きだ。

▼根の発育促進　葉のように硬い表皮をもたない根が土の中に伸長して養水分を吸収するためには、細胞膜が強靭でなければならない。石灰（カルシウム）はその細胞膜を強くするためにもっとも重要なミネラルである。春までに十分な量の石灰が施用されていなければならない。

▼茎葉の健全強化　石灰は地上部の表皮を硬くするためにも重要なミネラル。苦土は、光合成を担うミネラルであり、その光合成によってつくられた**炭水化物**は茎葉のセンイをつくる基本原料になる。ケイ酸はイネの葉を「ガラスコーティング」したり、センイを強化したりすることで病害虫など外敵から守る役割を果たしている。またケ

イ酸はイネの**有用元素**として知られている（後述）。

▼病害抵抗力強化　ここではミネラルだけでなく、すべての要素が満たされていることが大切である。

▼デンプンつくり促進　デンプンは光合成の産物であるから、**葉緑素**の中心物質である苦土は登熟期間の最後まで効いている必要がある。忘れがちなのがケイ素（ケイ酸）である。ケイ素は葉の老化に伴う光合成速度の低下や葉緑素の減少を抑制し、また曇天や朝夕の光合成の低下を少なくして、下葉の枯れ上がりを防ぐ働きなどがある。

（3）ケイ酸施用が必要な田んぼ・イネ

●ケイ酸の施用

ミネラル類は土壌中にあるから、イネつくりではあまり気にしなくてよい、ということがいわれてきたが、そうではない。ミネラルが不足している田んぼはかなり多い。土壌分析をしてその過不足を把握して対応することが大切である。

ミネラルは土壌分析で不足しているものを不足している量だけ、補うことが基本である。しかし、イネの有用元素で吸収量も多いケイ酸は、簡易分析では計測できない。そこで、次のような現象や立地条件の田んぼでは施用しておく。

①イモチ病や倒伏が多い田んぼ……イモチ病、倒伏とケイ酸との関連は古くから指摘されている。ケイ酸が多いと、イネの表皮を硬くするためにイモチ病の侵入を妨げることができるし、同時に倒伏にも強いイネにすることも可能である。

②黒ボクの火山灰土壌……火山灰土壌はその成り立ちからして、ケイ酸分は少ないので、補う必要がある。

③水温が下がりにくい田んぼ……イネの登熟期に水温が下がりにくいと、呼吸による消耗が大きく、登熟が低下し、イネの育ちが軟らかくなる。イモチ病やカメムシなどの病虫害に冒されやすい。ケイ酸を施用することで、これらのマイナスを抑えることができる。

④秋に風が吹かない田んぼ……イネの露切れが悪く、イネが硬くなりにくい。穂イモチが蔓延しやすく、倒伏も多い。ケイ酸の施用で抑えることができる。

以上のように、ケイ酸は最終的な病気予防のミネラルといえる。

●ケイ酸資材はパウダー状のものを

①から④のような田んぼであれば、秋処理のときにしっかりとケイ酸を施用する。私はケイ酸を含むソフトシリカやゼオライトを勧めている。イモチ

病や倒伏の程度が軽い田んぼでは一〇〇kgを二年に一度ずつ、ひどいところでは二〇〇kgを二年に一度ずつ施用する。火山灰土壌では三年は続けたい。

ただし、ケイ酸資材は必ずパウダー状のものを使用すること。粒状のものでは、ほとんど効果はない。

2　本田でのチッソ施肥

イネのからだをつくる肥料として、もっとも重要なものはチッソである。

図3－2　田んぼ向きの有機肥料はみそ・しょう油のにおいのするものを使いたい

チッソは、イネの細胞を構成するタンパク質の原料になるからである。このチッソ肥料を元肥として、あるいは元肥と穂肥に分けて施用する。

(1)　有機栽培に使うチッソ肥料

●アミノ酸肥料を使う

有機栽培の場合、元肥にしろ穂肥にしろ、チッソ肥料には「アミノ酸肥料」を施用する。「アミノ酸肥料」を選ぶポイントは、田んぼという嫌気的な環境で、**腐敗**分解の方向にいかないように調製されたものを使うことである。たとえば、嫌気的な環境下でよく働く酵母菌を使った発酵型の「アミノ酸肥料」、つまり、みそ・しょう油のにおいのするようなものがよい。

また、抽出型の「アミノ酸肥料」を使う場合は、酵母菌などの有用微生物が含まれていないので、とくに化成から有機に切り替えた一年目などは、元肥施用時に酵母菌発酵液（酵母菌主体、乳酸菌も含む）を一緒に二L程度、水口から流し込むとよい。流し込んだ酵母菌をいわばタネ菌にして、「抽出型アミノ酸肥料」を嫌気的な条件の中でも、よい発酵のほうに導いてやるのである。

●なまの有機質肥料は使わない

私が勧めている有機栽培ではなまの有機質肥料は使わない。たとえば、なまに近いナタネ油かすなどを元肥に使う人がいるが、分解が進んでいないために、初期に得られる水溶性の有機のチッソが少ない。そのために初期生育が遅れ、さらに生育中期以降に分解したチッソが効いてきて、倒伏や米質の悪化をもたらすことになる。このような失敗が実に多いのである。

有機栽培では抽出型あるいは発酵型の「アミノ酸肥料」を施用することで、生育初期から水溶性の炭水化物と有機

図3−3 酵母菌発酵液のつくり方（例）

図3−4 有機栽培ではアミノ酸肥料を使う

のチッソをイネが吸収でき、品質・収量に優れたコメが収穫できる。なまであったり、発酵が不十分な有機質肥料や堆肥では、このようなメリットを得られない。

(2) イネの生育に必要なチッソ量は？

●収穫時に水溶性チッソがない状態をめざす

有機栽培ではチッソ肥料としてアミノ酸肥料を使うが、その量はどれくらいが適当なのだろうか？

少し抽象的ないい方になるが、私は、イネの葉色が黄緑色に落ち、穂が黄金色に熟れ、土壌中に水溶性のチッソがなくなっている状態でイネ刈りになれば、それが一番効率のよいイネつくりだと考えている。このようなイネであれば、施したチッソ肥料を効率よく吸収、利用したことになる。しかも、余分なチッソ（タンパク）をもち越さないので、コメ粒にタンパクが過剰に残って食味を低下させることもない。つまり、このようなイネは、施肥効率もよく、チッソ吸収・利用に見合った収量を上げ、食味・品質もよいということになる。では、そのときのチッソ量はどのくらいだろうか。

●「登熟限界温度」とチッソ量

このことはそう単純ではない。

実りの秋はまた冬へ向かって、気温が低下していく時期でもある。そしてある一定の温度以下になると、イネはからだづくりをするためのチッソ同化や、光合成を行なわなくなってしまう。この温度を「登熟限界温度」といっているが、この温度以下ではイネは登熟も進まない。

ということは、この「登熟限界温度」以下になってもなお、イネが体内に未同化のチッソを残しているようでは、よくないということだ。食味や品質を落としてしまうし、ねらった肥効を実現できないため収量も上がらない。

このことから、たとえば「登熟限界温度」が早めにくる（寒さが早くくる）地域では、チッソ総量を減らしてイネ刈り時にチッソが残っていないようにしなければいけない。また寒い地域は、田植えも遅くなるので、イネ刈りまでの生育期間も短く、必要なチッソ量はさらに少なくせざるを得ない。たとえば秋が早い青森では総チッソ量を二〇％程度減らす必要がある。

●施肥チッソの上限は一二kg程度

各地のこれまでの経験から、私は有機栽培のイネが生育期間中に吸収するチッソの総量（成分）は、最大で一二kgくらいと見ている。またこのチッソの総吸収量に一・二を掛けた数字が、ほぼその田んぼの収量（俵数）だと見ている。つまり有機のイネの収量の上限は一四俵半程度だということだ。

この一・二という係数はあくまで経験上のものである。ただ、通常の栽培法では掛ける一・二でよいが、穂肥に海草肥料などの特殊な資材を使っている場合や、良質堆肥やミネラル肥料を継続して投入してきた地力の高い田んぼでは、一・二五や一・三になる場合もある。

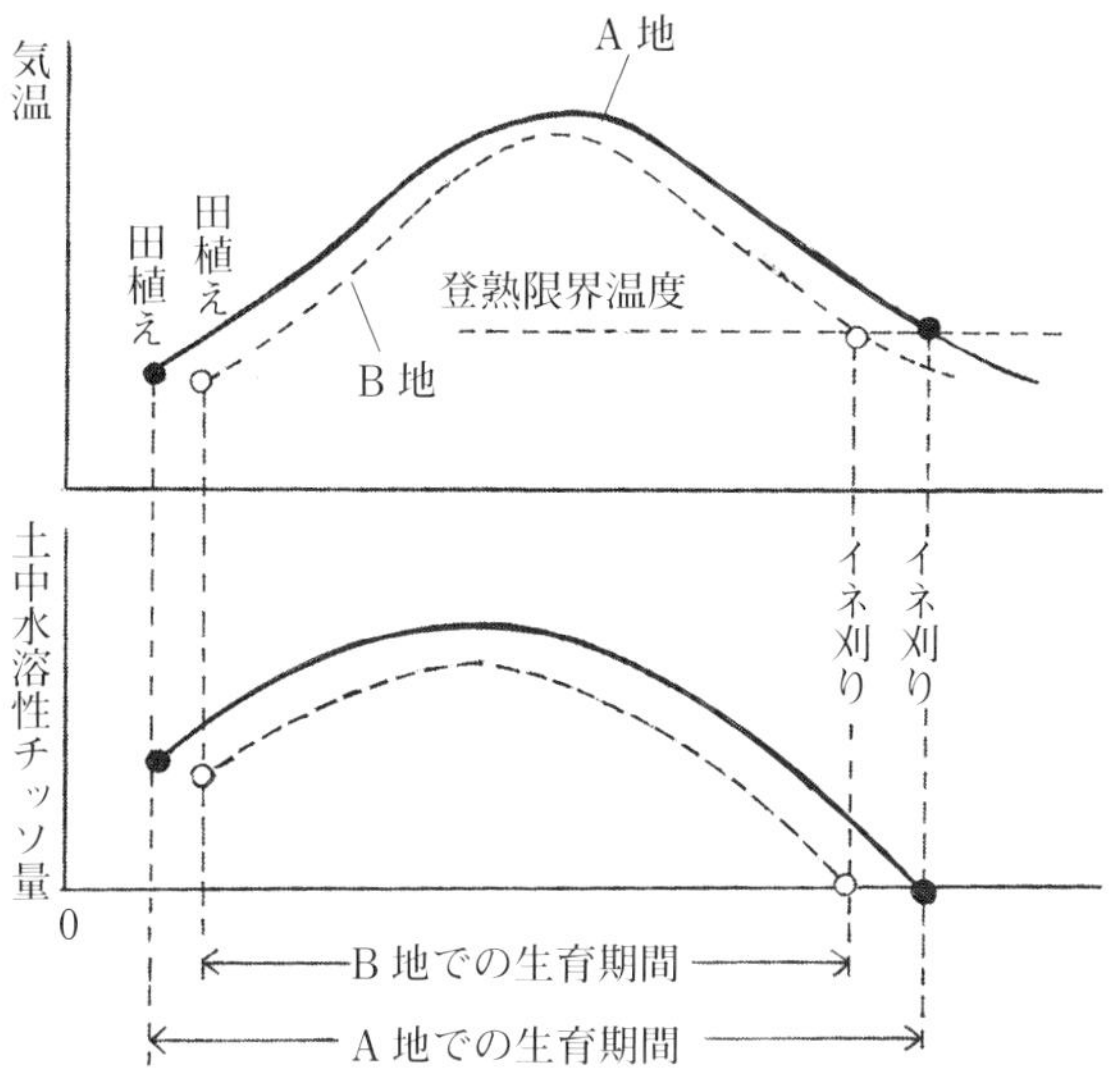

図3−5　地域による気温の変化、土の中の水溶性チッソの量の変化（イメージ）

注　A地よりB地のほうが寒い地域として作図

下段のグラフからA地のほうがB地よりイネが吸収するチッソ量が多くなることがわかる

(3) 元肥の考え方と実際

●食味重視か多収もねらうか

イネのチッソ施肥は、大きく元肥と穂肥に分けられる。

経営面積の大きな農家や複合経営の農家、また兼業農家など、時間的な余裕がない農家には、元肥一発施肥を勧めることが多い。多収というよりも、食味のよいコメを安定して収穫したい農家向けの技術が、元肥一発の有機栽培なのである。

一方、手間をかけてでも食味のよいコメを多収したいという農家には、元肥プラス穂肥の技術を組み合わせてもらっている。元肥一発の技術よりコストはかかるが、収量も上がるので経営にプラスになることも多い。

自分の経営の中で、元肥一発の施肥にするか、穂肥も組み合わせた施肥にするかを判断すればよい。もちろん、二つの方法を組み合わせることもできるし、そのような農家も多い。

いずれにしろその施肥のポイントは、まず自分の田んぼにあった元肥量をしっかりつかむことである。このことについては、この後で詳しく述べる。

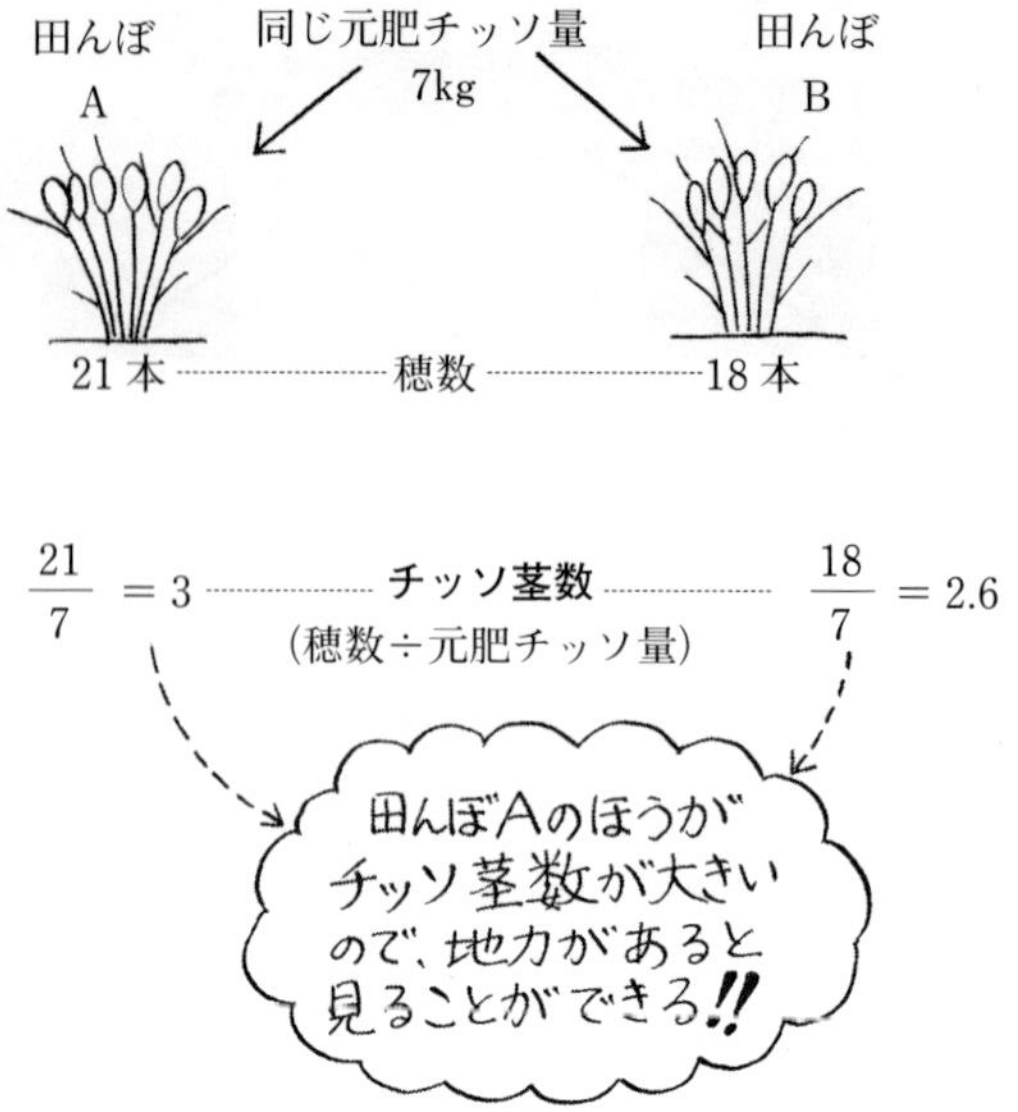
田んぼA
同じ元肥チッソ量 7kg
田んぼB
21本
穂数
18本
21/7 = 3
チッソ茎数
(穂数÷元肥チッソ量)
18/7 = 2.6
田んぼAのほうがチッソ茎数が大きいので、地力があると見ることができる!!

図3−6　田んぼの力（地力）の目安となるチッソ茎数

●元肥チッソ六~七kgでまずスタート

有機栽培一年目は、元肥はチッソ成分で六~七kgでスタートする。この数字は、これまでの経験から得たもので、この程度であれば、イネを倒さずに、病害虫にも強い栽培が比較的容易に実現できる。

コシヒカリのような倒れやすい品種では、チッソ量が多すぎないかという心配もあるかもしれないが、ミネラル肥料を設計どおり入れていれば、倒伏の心配は無用である。

この六~七kgという数値は、安全を見越したチッソ量である。ミネラル肥料に比べてチッソを控えめにしたスタートになるので、イネの生育は少しこぢんまりしたものになる。二年目以降は、田んぼの有機物や微生物がより豊かになり、ミネラルも補なうので、チッソ量を増やしていくことができ、収量も多くなっていく。そのためにも、田んぼごとの的確な元肥量を知っておく必要がある。

●水の富栄養化に注意

元肥の量を決めるとき、田んぼの地力だけでなく用水の養分量を考慮しなければいけないときがある。河川のとくに中下流域で、さまざまな排水が流れ込んでいる場合である。河川水が富栄養化しているからだ。

その場合はたとえば基準の元肥量六~七kgも、マイナス二kgの四~五kgでスタートするのがよい。この判断は水田の水口のイネの状態で行なう。

山間の棚田や冷や水がかりの田んぼでは、水温が低いために水口のイネの生育が悪い。ところが河川の中下流域では、水口のイネの生育がよく、分けつ数が多かったり、よく水口部分だけ倒れるような水田がある。これはその田んぼに取り入れている水が富栄養化している証拠。そのために、水口部分のイネが栄養過多になっている。こういう田んぼでは、基準の元肥量より二kg程度減らして四〜五kg程度で出発し、様子を見ながら適当な元肥量をつかむようにする。

反対に、水口のイネがやせている場合は、河川の中下流域で田んぼが砂地かなにかで水持ちが悪いこと、または水が清浄で富栄養化していない場合が考えられる。そのような田んぼでは基準の元肥量より一〜二kg増やして出発すればよい。

河川の上流域では水も冷たく、富栄養化ということはないので、このような水口を見ての元肥量の増減は必要ない。

(4) 田んぼごとの元肥量を的確につかむ

●田んぼの力の見きわめ方

施肥の基本は元肥である。しかし、自分の田んぼにあった元肥量というのは、なかなかわからないものである。苗の出来不出来や天候のよしあしによってイネの生育は変わるし、水管理や穂肥のやり方によって収量や品質が変化するので、そのときの元肥量がその田んぼにとって適切だったかどうかを知る手立てがないからである。元肥量を自分で決めていく方法論がないために、田んぼの素性をつかむことがむずかしくなっている。

そこで、私は、田んぼごとの穂数と最高分けつ期から、翌年の元肥量を決める（施肥設計する）ようにしている。以下、そのやり方を紹介しよう。

●最高分けつ期を知る

有機栽培一年目、元肥をチッソ成分で六〜七kgでスタートしたら、茎数の変化をしっかり見ておく。とくに注目するのは、茎数の変化に伴ってわかる最高分けつ期と、最終的な穂数である。

最高分けつ期は、地域の同じ品種の時期を試験場などで調べておく。最高分けつ期は地域・品種が同じであれば、化成栽培、有機栽培の別なくほぼ同じになる。そして、自分の有機栽培のイネの最高分けつ期が、その時期よりどのくらい早いか遅いかを調べる。

最高分けつ期が早ければ、分けつの増加が早くに止まったということなので、元肥チッソ量を増やしてもよい要因になる。反対に、遅い場合は分けつの増加が続いていることになり、元肥チッソ量は減らしたほうがよくなる。

最高分けつ期は、その年の天候によってもふれるが、的確な元肥チッソ量を決めるときに考慮したい要素のひとつである。

●穂数から田んぼの「チッソ茎数」を知る

また、穂数を調べるのは、その田んぼが元肥チッソ一kgで、何本の穂数がとれる田んぼなのかを把握するためである。同じ穂数をとるのに、チッソ量が少ないということは、それだけ田んぼの地力が高いということになる。

この元肥チッソ一kg当たりの穂数を私は「**チッソ茎数**」と呼んでいる。正確には「チッソ穂数」と呼ぶべきなのかもしれないが、私が勧めている有機栽培では**有効茎歩合**がほぼ一〇〇%になる。そこで穂数=茎数として「チッソ茎数」という言葉を使っている。

●目標穂数から元肥量を設定する

さて、穂数と最高分けつ期がわかったら、次の例のようにして翌年の元肥量を決めていく。

春に元肥六kgでスタート、最高分けつ期が少し早く、穂数は一八本のイネの場合を表3―4に例示した。順に説明しよう。

まずチッソ茎数は、穂数を利用チッソ量で割って求める。一八÷六で三。

そして、最高分けつ期が早かったこと、一株一八本(坪九〇〇本)の穂数は、穂数の上限(二四~二五本)よりかなり少ないことから、翌年の目標穂数を二一本に設定して元肥量を求める。

元肥チッソ量は目標穂数をチッソ茎数で割って求められる。二一÷三で七kgとなる。

つまり、一年目のデータから順に、①一年目のチッソ茎数、②翌年の目標穂数の設定、③目標穂数から翌年の元肥チッソ量の算出、という順番で翌年の元肥チッソ量を求めていくのである。

●秋処理のチッソ分は?

なお、本田で穂数を得るために使われるチッソは元肥だけではない。前年の秋処理に施用した鶏ふんや米ヌカのチッソ分も春まで残り、イネに吸収されて穂数につながる。

このチッソ量は、秋処理のチッソ量のおよそ半分とみているが、その田んぼの土質や秋から春までの天候(雨や雪の量など)によって流亡の程度が異なる。

そこで翌年の元肥を決めるにあたっては、この秋処理に施用したチッソがどの程度利用されるかについては棚上げして、便宜上、元肥チッソの数値だけからチッソ茎数を求めていることになる。

それでも、チッソ茎数は田んぼ一枚ごとに計算しているので、田んぼの個性が数値としてみえ、元肥の設計に生かすことができると考えている。

表3−4　チッソ茎数を使った田んぼごとの元肥チッソ量の求め方

具体例	
（1年目のデータ） ・元肥チッソ量　6kg ・最高分けつ期　早め ・穂数　18本	
計　算	**手　順**
チッソ茎数＝18÷6＝3	①チッソ茎数を求める 穂数÷元肥チッソ量
目標穂数＝21本	②目標穂数を決める 最高分けつ期と穂数の上限（24〜25本）から
元肥チッソ量＝21÷3＝7	③目標穂数のときの元肥チッソ量を求める 目標穂数÷チッソ茎数

↓

2年目は元肥チッソ7kgでスタート（1年目より＋1kg）

●三年間の平均がその田んぼの「チッソ茎数」

「チッソ茎数」から翌年の元肥量を決める方法を紹介したが、設定した目標穂数にならない場合もある。天候や苗質などで穂数は変化するからである。このような場合でも、実際の穂数と元肥チッソ量からチッソ茎数を求めればよい。だいたいこれまでの経験から三年間の平均値が、その田んぼのチッソ茎数と見ることができる。以後は、そのチッソ茎数を元に算出した元肥量を基本に、施肥を組み立てていく。

なお、堆肥を入れ続けて地力を高める手立てをとっていると、穂数確保が早く、多くなる傾向がある。そのような場合には、再度チッソ茎数を算出する。地力が高まれば、チッソ茎数は高くなり、元肥チッソ量を減らすことができる。

●目標穂数には上限がある

ただし目標穂数の設定で注意してほしいのは、次の点である。

先の方法だと、穂数目標はいくらでも高くできて、それに応じた元肥チッソ量が、計算上は簡単に出てくる。しかし目標穂数を高くすれば元肥チッソ量も当然多くなり、軟弱徒長で病虫害が多発し、畳を敷いたように倒伏、くず米だらけのイネつくりとなるのは目に見えている。

仮に穂数を三〇本にできても、風が通らなくなり、光合成の副産物である酸素や水（水蒸気）が滞留して、光合成の原料である二酸化炭素の不足を招く。と同時に、株間が蒸れてイモチ病などの病気を招いてしまう。株元の下葉まで光が届かないから光合成はできず、ただ呼吸するだけの葉、「呼吸葉《こきゅうっぱ》」になってしまう。炭水化物をつくるはずの葉が、逆に呼吸でその炭水化物を消費する葉になってしまうわけだ。

つまり、この目標穂数には上限があるということである。「**収量構成**の考え方」（53ページ）で述べたように、田んぼの地力などによって多少の幅はあるが、有機栽培での穂数目標の上限は、坪一二〇〇〜一二五〇本、坪五〇株の場合で一株二四〜二五本と考えている（なお、もっと疎植にした場合は一株の穂数を多くできる）。

二年目から、このように二四〜二五本の穂数をねらって元肥チッソを施用することも可能だが、その場合、堆肥の投入やワラの分解を進める秋処理によって田んぼの「地力」を高め、施肥設計ソフトの上限値までミネラル肥料を投入する手立ても一方で必要となる。

●有効茎歩合が下がる要因

有機栽培では有効茎歩合はほぼ一〇〇％になると述べた。しかし、実際にはそれより下がることもある。正常の範囲は九〇％までと見ている。これが二〇％以上も下がる場合は、イネの生育に次のような異常がおきていると考えている。

▼根の障害

もっとも多いのが、根ぐされやガスわきによって根の機能が弱められ、チッソの吸収が鈍っている場合だ。チッソの吸収が遅れるぶんだけ最高分けつ期が後ろにずれ、後から出た弱小分けつが穂にならなくなり、有効茎歩合が低下してしまう。また分けつの切れ上がりも悪くなるので、後半分けつして穂になったものの丈が低い。そのため穂揃いの悪いイネになってしまう。

対策としては、秋のワラ処理を確実にできるだけ早く行なうとともに、ミネラルをきちんと施用して田んぼのpHを適正にしておくこと。つまり、「秋処理」をきちんとやっておくということである。また、生育中に根ぐされやガス害に気づいたら、水を落としてガス抜きをする。

▼苦土の不足

有効茎歩合が低下する要因には、苦土不足もある。苦土はイネの生育期間中に減少することが多く、必要量が足りなくなることがある。とくに有機栽培をはじめて間もなかったり、苦土の施用を怠ったりしたような田んぼでは、苦土不足による無効茎の発生がおこりうる。苦土が不足すると光合成が十分にできないために、炭水化物生産が鈍る。原料の炭水化物が十分供給されなければ分けつは弱くなってしまい、イネはその分けつを切り捨てることになる。こうして有効茎歩合が下がるのである。

対策としては、秋に苦土をしっかり施用しておくことと、101ページで紹介する穂肥時期の苦土追肥が有効である。

▼石灰の不足

石灰の不足によっても有効茎歩合が低下する。石灰は根を伸ばすためには不可欠なミネラルである。その石灰が不足してしまうとイネは根を十分に伸ばすことができない。そのため、施用されている有機のチッソ肥料やミネラル肥料の吸収が滞ってしまう。そして肥効がずれてしまい、分けつの発生が後ろにずれ込むかたちになり、それが無効分けつを多くしてしまうのである。

対策は土壌分析に基づいた適切な石灰施用ということになる。

▼有機質肥料の質

私が勧めている有機栽培では、チッソ肥料は水溶性のアミノ酸肥料を使うことが前提なのだが、その年の発酵肥料の調製が十分ではなかったり、購入した有機質肥料がなまに近いものだったりすると、どうしても肥効がずれて、分けつの発生が後ろにずれ込む。石灰不足の場合と同じように、無効分けつが多くなってしまい、有効茎歩合を下げてしまうことにつながる。

対策としては、自家製の発酵肥料であれば、みそやしょう油のにおいがするくらいまで十分つくり込むこと。また、購入肥料であれば、なまや未熟の有機物を含んだ有機質肥料は使わないようにすることである。

(5) ミネラルが十分なら チッソを安心してやれる

●化成と同じ元肥量でよいか？

化成栽培の場合、県やＪＡで品種ごとの施肥設計・栽培暦がつくられているが、有機栽培ではそのようなものはない。そのため、有機栽培に取り組むとき、どのように施肥量を決めていけばよいかわからないことが多い。

そこで、とりあえずこれまでの化成栽培と同じチッソ成分を施肥する人が多い。元肥で化成チッソ四kgで栽培していたら、有機でもチッソ四kgの元肥で出発する、というように。そのうえ、有機だと肥効が遅れて倒伏の心配があるからと、元肥チッソ量を少なくすることはあっても、多くしようとはまず考えない。その結果の収量は七俵程度。そして、化成栽培のときより減収しても、「有機だと、こんなものかな」で済ませている。

●ミネラルが適正ならチッソは多くやれる

有機栽培を、化成栽培と同じように考えてやったのでは、そのよさを引き

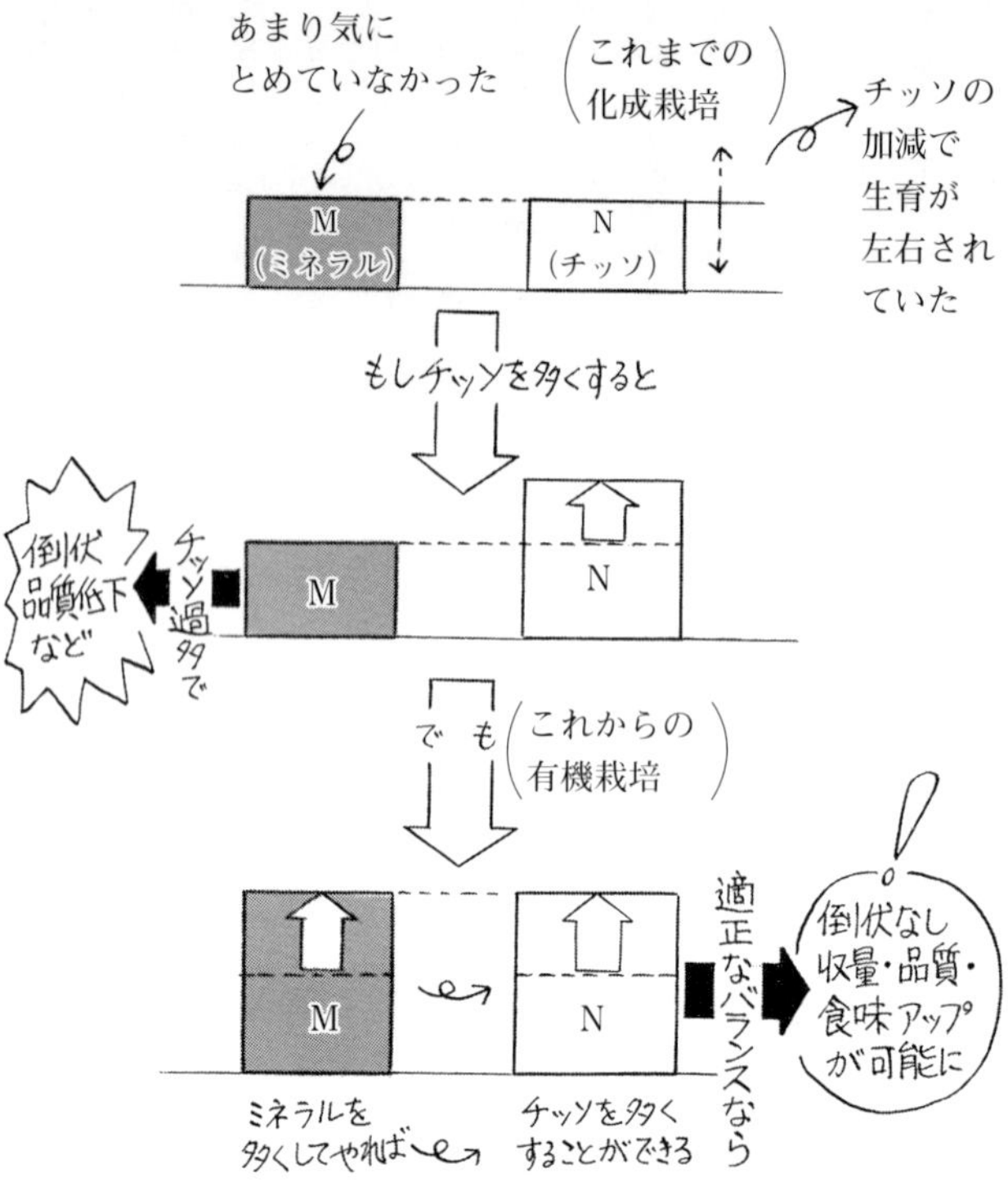

図3－7　チッソ施肥はミネラルとのバランスが大切

出せない。とくに、土壌分析をやってそのデータに基づいて石灰や苦土などミネラルをしっかり施していれば、チッソ量を多くしても、倒さずに、しかも食味のよいコメを多収することができる。

逆にいえば、ミネラルが十分手当てされていない田んぼでは、チッソを多くやれないということだ。イネの生育は乱れ、コメの生産が安定しない。

典型的なのが、石灰や苦土などのミネラル肥料を入れずに化成栽培を続けてきた田んぼである。ミネラルが少ないから、チッソも十分やりきれなかった。そこでは、チッソを控えて、収量より、倒さずにコメをつくることを主眼としたイネつくりになっていた。

そうした田んぼで有機栽培を試みると、化成栽培のときの経験が強く働いて、どうしてもチッソを少なくしてしまう。その結果、七俵程度の収量に甘んじてしまうことになる。

●元肥七〜八kgでスタートも可能

石灰や苦土などのミネラル肥料を、質・量ともにきちんと施用できた田んぼであれば、元肥チッソを六〜七kgでなく、七〜八kgで出発しても何ら問題はないと考えている。

元肥六〜七kgというのは、「そのくらいなら無難だろう」という農家の経験知を踏まえて設定したものである。

「有機でチッソ七～八kg出発」というと、これまで化成栽培を長年続けてきた農家には、「倒伏＝苦労する収穫作業」というイメージがあるが、「有機だからチッソ六～七kg出発」といえば、有機栽培に踏み出しやすいからである。

だから、有機栽培を一からきちんとやろうという人には、私は最初から元肥七～八kg出発のイネつくりを勧める。ミネラル肥料がしっかり施用され、なまではない、よく発酵したアミノ酸肥料を使えば、この程度の元肥チッソ量は危険な数字ではない。

(6) 穂肥の考え方と実際

●炭水化物の多いアミノ酸肥料を選ぶ

有機栽培で使う肥料は「アミノ酸肥料」だが、その構造は炭水化物部分とチッソ部分からなっている。有機一〇％の肥料であれば、チッソが多いものは炭水化物が少なく（C／N比が小さい）、チッソが少なければ炭水化物が多くなる（C／N比が大きい）。

元肥は、新しい葉や根を伸ばし、分けつをつくるための肥料である。いわば新しい細胞をつくるのがその役目といえる。細胞つくりはチッソの役目だから、元肥はチッソの多い「アミノ酸肥料」が適している。

これに対し、穂肥は、穂づくり、コメつくりのための肥料である。イネは生殖生長にはいると、穂づくり、コメつくりのために光合成を盛んに行なって炭水化物を生産する。節間を伸ばすのも、重なっていた葉を階層状に配置して、少しでも太陽の光を利用しようというイネの戦略である。葉や根、分けつといった細胞つくりの肥料はチッソだが、穂づくり・コメつくりの肥料は炭水化物なのである。

したがって穂肥に使うアミノ酸肥料は、炭水化物の多い、チッソの少ないものが適している。

●多収・良食味を支える穂肥

炭水化物が多くてチッソの少ない（C／N比の大きい）「アミノ酸肥料」を穂肥に使うメリットは大きい。

一つは、イネが光合成以外の〝ルート〟から多くの炭水化物を根からの吸収で得ることができる。これによりイネの炭水化物の総量が多くなる。炭水化物はコメそのものであることを考えると、有機栽培による多収の可能性を示している。実際、後にみるように、穂肥の増収効果は大きい。

二つは、チッソが少ないので、コメに含まれるタンパク含量が低くなる。このことはコメの食味の向上につながる。

三つは、やはりチッソが少ないので、節間が伸びにくい。このことは倒伏のリスクを軽くすることにつながる。

穂肥にC／N比の大きいアミノ酸肥料を用いることはイネの良食味と多収を支え、倒伏を減らすための重要なノウハウなのである。

●光合成をするためのチッソは必要

では、穂肥に用いるアミノ酸肥料のチッソ部分はどこに使われるのかというと、おもに葉緑素の維持と、コメのタンパク部分（コメ粒の表層、ヌカ層）である。最後まで光合成を行なうために必要なチッソ分として、穂肥のチッソは用いられる。

なお、生育期間中に天候不順とか、高温・低温といったことが予測されるときは、C／N比の高いアミノ酸肥料を元肥にすることもできる。これならより多くの炭水化物をイネに供給できるからだ。ただこのような肥料はチッソ分が少ないので、施肥量を多くしなければならない。その分、肥料代が余計かかる。

(7) 大きな穂肥の増収効果

●チッソ一kgで一～一・五俵増収

通常は一回目の穂肥だけでも十分な効果を期待できる。二回目の穂肥をやるのは、さらなる多収をねらう場合である。これまでの経験から、穂肥のチッソ一kgで、一～一・五俵の増収効果がある。元肥だけで八俵なら、穂肥をたとえば一・五kg施すことができれば二俵の増収で、反当一〇俵が実現できる。これは化成栽培における穂肥の増収効果より大きいと思う。

また、もうひと味、食味の向上をねらいたいとか、夜温や水温が高いといった登熟条件が悪い田んぼで、食味の向上をめざすような場合は、海草肥料を施用するとよい。

●一回目は穂長に、二回目は千粒重に

図3－8は、穂肥が収量構成にどのように影響するか、一回目と二回目の穂肥時期の幅を出穂四五日前から二五日前までとして表わしたものだ。

穂数増に対する効果は穂肥にあまり期待できないが、穂肥時期が早ければ一定の効果はある。そこで、いわゆる「への字」的な肥効によって、穂数増加と登熟の両方を得ようと早く穂肥をやる農家もある。

穂長（一穂モミ数）の増加は、出穂三五日前頃をピークにした山型を示す。

千粒重の増加は、一回目はあまり期待できないが、二回目の穂肥の主要なねらいとなる。

穂肥の肥効そのものが山型に推移するため、この時期なら穂長、この時期なら千粒重とくっきりと分けることはできないが、おもなねらい目として、

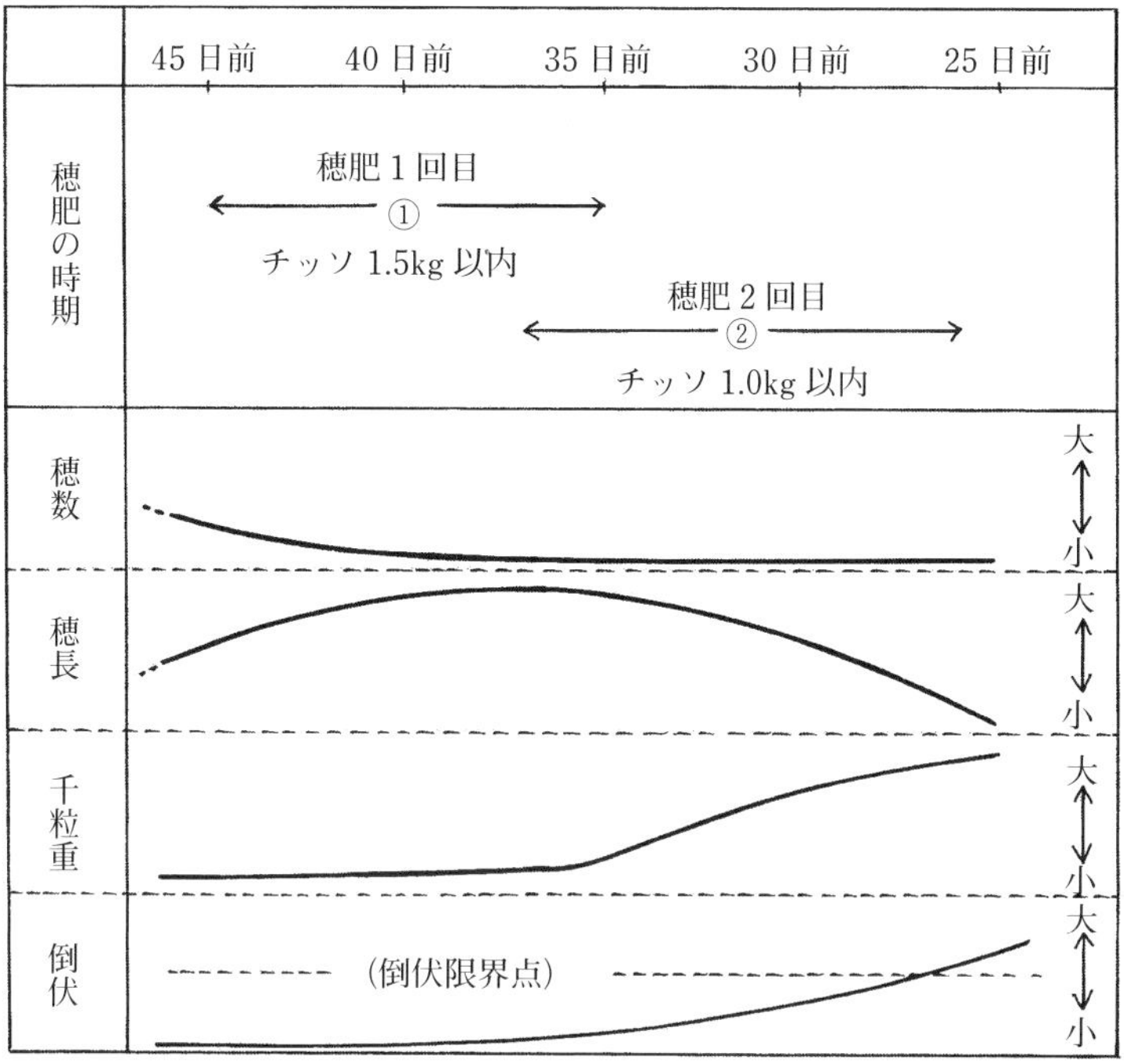

図3－8 穂肥の時期によって収量構成への効果，倒伏の危険性は異なる
1回目の穂肥は出穂45日前～35日前
2回目の穂肥は1回目から7～10日後

一回目は穂長に、二回目は千粒重にということになる。

ただし、一回目の穂肥の量が多すぎると、最高分けつ期が後ろにずれたり、ワラの色戻りがおきたりする。後から出てきた分けつに養分をとられるかたちになり、シイナや未熟米が多くなったり、実入りが悪くなってアミ下（小米）が多くなる。イネによっては、チッソ一・五kgでも多すぎる場合がある。

(8) 穂肥の施肥時期

●イネが硬化していること

穂肥の施用は、ワラの硬化が始まってから行なうのが基本である。ワラの硬化が始まれば、施された穂肥は分けつの増加ではなく、穂づくりのために使われる。穂の形成を促し、穂長を長くし（モミ数を確保し）、**登熟歩合、**

千粒重を高める。さらには、食味をよくする。

しかし、穂肥の時期や量が的確でないと、硬化が始まったはずのワラに色戻りが生じ、イネがふたたび軟らかくなり、再分けつが始まったりする。徒長して倒伏を招いたり、登熟が悪くなってくず米の増加、食味の低下などにつながる。

●分けつが止まっていること

穂肥の施用についての基本の二つ目は、分けつが止まっていることであると考えている。これはワラの硬化が始まっていることと裏腹でもある。

穂肥の施用については、化成栽培の場合、ウネ間が遠くまで見通せることとか、幼穂の長さ、上位葉の出葉などさまざまな判断方法がある。しかし、これらの方法は出穂四五～三五日前に穂肥の一回目を施用する有機栽培で取り入れるのはむずかしい。穂肥の時期が遅くなってしまうからだ。

イネは分けつが止まってから、穂づくりの態勢に切り替わっていく。つまり栄養生長から生殖生長へと生育の質が変わる。穂肥はその生殖生長のための肥料である。このようなイネの生長を考えて穂肥の施用を考えるならば、分けつの取れ方の推移をしっかり把握して、分けつが止まってから、つまり生殖生長にイネが切り替わってから穂肥を施用することが大切なのである。

元肥量（チッソとミネラルの量）が適切であれば、だいたい出穂の四五日前頃に土壌中のチッソが減り、**限界チッソ点**に近づき、「**綿根**《わたね》」と呼んでいる細い根を伸ばすようになる。地上部では分けつの増加が止まり、最高分けつ期を迎える。イネの体内のチッソ濃度も下がってきてワラの硬化も始まり、穂づくりの態勢に移行する。

写真3－1　穂肥適期より少し前のイネ
これから綿根が出てくる

穂肥をこのようなイネの生理にあわせて施用することができれば、穂長のある、登熟に優れた穂を確保できることになるのである。

穂肥の時期・量の判断の誤りは、収穫物のコメの収量・品質に直接結びつく。きちんとした技術を身につけることが肝心だ。

●穂肥の時期と量

私は穂肥の時期と量を、

一回目が、出穂の四五～三五日前にチッソ成分で一・五kg（同時に苦土肥料二〇kgを施用）、

二回目が、一回目から七～一〇日後

にチッソ成分で一kg（最大）、としている。そしてさらに多収や食味の向上をめざす場合は、二回目の穂肥のときに海草肥料（チッソ成分二%）を二〇kg同時施用するよう勧めている。

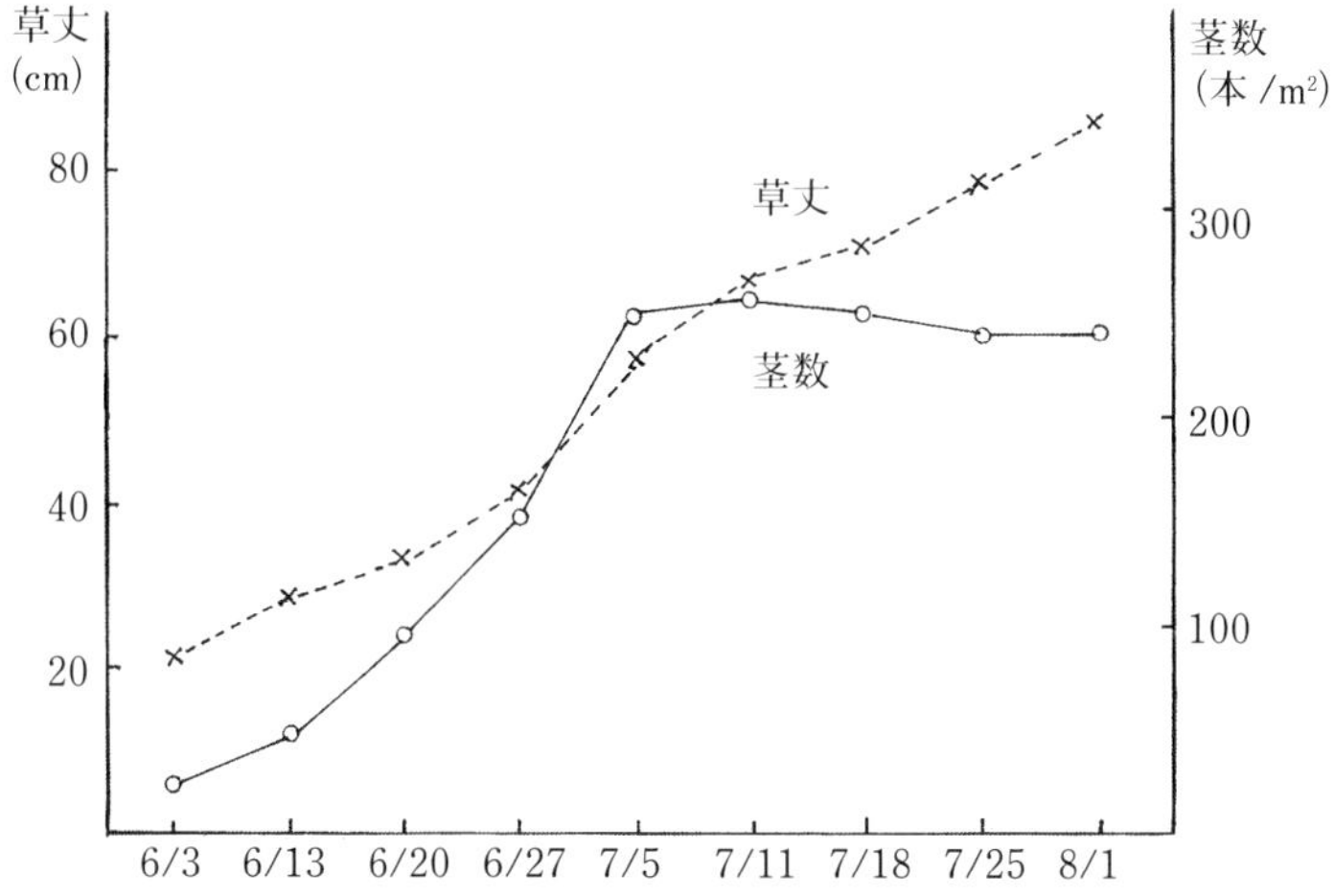

図3−9 有機栽培のイネの生育（茎数・草丈）

穂肥の施肥時期を的確につかむためにも生育調査を行ないたい　（データ：原田ファーム提供）

●最終判断は綿根の発生を見て

より正確に穂肥の施肥時期を判断するには、根を見るとよい。

イネは活着後、葉を伸ばし、根を伸ばして生長を続ける。このとき根は、ゴボウ根と呼んでいる一次根（冠根）を分けつの節から伸ばす。この根は葉の伸長にあわせて順次分けつの節位から伸び出してくる。

周囲の土壌にチッソが少なくなってくると、ゴボウ根から細い綿毛のような根（二次根、三次根など）が出てくる。「綿根」と呼んでいる根だが、この根でゴボウ根とゴボウ根の間の養分を吸収しようとする。

私はこの綿根が出始めたら根の周囲のチッソ分が減ってきた証拠とみて、イネが穂づくりへの態勢を整えようとしているのだと判断する。そして綿根の発生が穂肥を施すタイミングと考えているのである。

●根で判断する方法

このような綿根が発生するのは、だいたい出穂の四五〜五〇日前頃である。イネの茎数の増加も落ち着いてきて、最高分けつ期と重なることが多い。一回目の穂肥の時期を出穂四五〜三五日前としたのは、ここに理由がある。

綿根が出て、茎数の増加も落ち着いてきているなら穂肥を打つ時期が来ているということである。

地域での出穂の時期はわかっているから、それから逆算してイナ株を抜き、

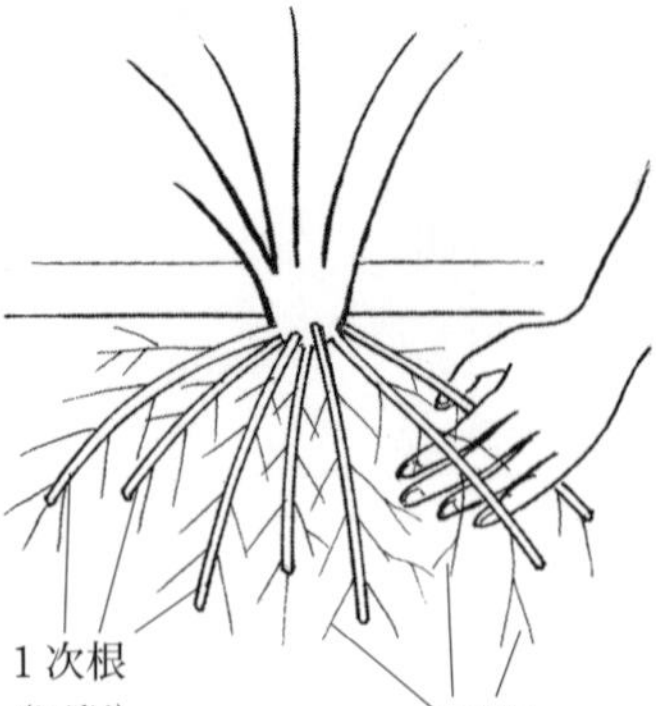

図3－10　1回目の穂肥は綿根の発生を見てから

写真3－2　綿根の様子
分けつが止まってワラの硬化が始まると綿根が発色してくる（写真は綿根発色が半月以上経っている）

根を調べて判断すればだいたい間違いない。あるいは、イナ株を抜かないでも株元を手で探ってみれば、太いゴボウ根の間に細い綿根が伸び出しているのがわかるはずだ。また、綿根が出る時期になると、それまでプチンプチンと切れていた根が、切れにくくなってくるので、それでも判断できる。

●二回目の穂肥は受光態勢で決める

　二回目の穂肥は、おもに千粒重ねらいの穂肥になる。ただし、時期が遅かったり量が多すぎたりすると、コメのタンパク含量が多くなって食味に悪影響を及ぼす。二回目の穂肥は収量面でプラスになっても、食味を落とすことがあり、それだけむずかしい技術になる（ちなみに、あえて施肥時期を遅くして高タンパク米として、飼料米をつくっている農家もある）。

　この二回目の穂肥がやれるイネかどうかを、私はイネの**受光態勢**で判断している。どういうことかというと、一回目の穂肥で、上位葉が伸びてペラペラした感じになったイネに二回目の穂肥をやると、出穂後の光合成の主役となる上位葉の受光態勢を乱し、きちんとした登熟が期待できなくなる。

　二回目の穂肥を打てるイネとは、一回目の穂肥のあとでも葉の厚さがあり、きちっと葉が立ち、硬いイネである。このようなイネであれば受光態勢にも問題はない。

　ただし、そのような硬く受光態勢のよいイネでも、やれるチッソの量は一kgが上限だと思っている。これ以上のチッソは、受光態勢を乱し、アミ下を増やし、食味を落としてしまう。

●穂肥の間隔は七～一〇日以上あける

　また、穂肥を二回施用する場合は、

二回目を、必ず一回目の穂肥から七〜一〇日以上経ってから行なう。これ以上間隔が短いと、天候や生育によっては肥効が重なって、株の受光態勢を乱したり倒伏を招いたりする。一回目の穂肥をやって七〜一〇日後ならこのような心配はいらない。

(9) 苦土追肥も一緒に

●生育途中で不足しやすい苦土

穂肥を打つ時期は気温も上がって、イネの光合成も盛んになっている。この時期のイネに必要な養分として、チッソだけでなく苦土についても留意しておきたい。苦土は秋処理のときに、イネ刈り後の土壌分析に基づいて施肥しているが、本田期間中に減少して、場合によっては不足分を補う必要が出てくる（図3―11）。

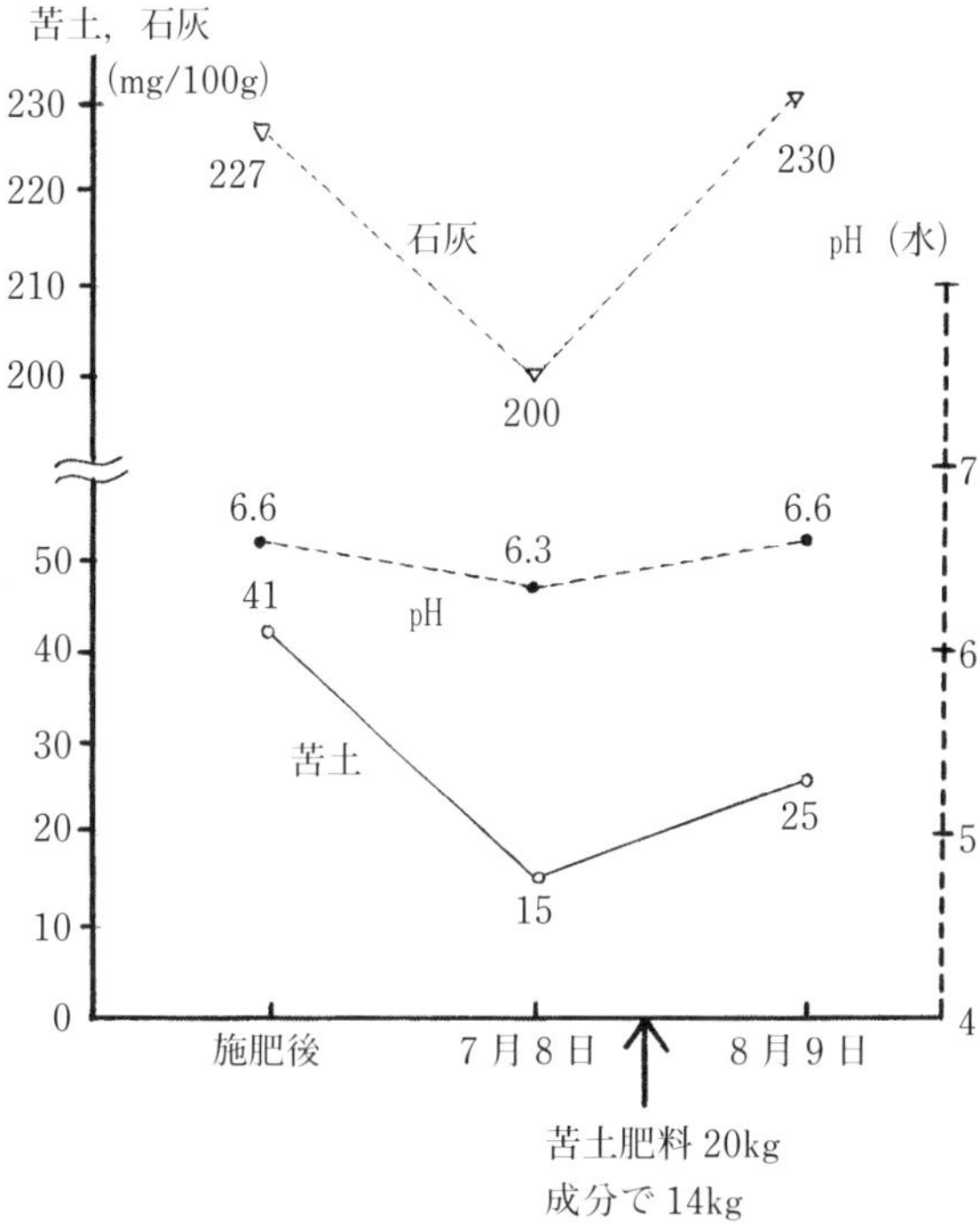
苦土，石灰
(mg/100g)
230
220
210
200
50
40
30
20
10
0
227
石灰
200
230
pH（水）
7
6
5
4
6.6
6.3
6.6
41
pH
苦土
15
25
施肥後
7月8日
8月9日
苦土肥料 20kg
成分で 14kg

図3－11 生育中に苦土は大きく減少する
（データ：原田ファーム提供）

苦土は先にも述べたように、光合成を行なう葉緑素の中心物質であり、これからイネが行なう穂づくりやコメつくりのデンプン生産にはなくてはならないミネラルである。いわばコメつくりの主役ともいえるミネラルであり、その苦土の不足によって、コメの収量・品質・食味の低下を招いてしまうことがある。

そこで、穂肥の判断をするときに土も採取して、土壌分析をするよう、有機栽培の初心者には勧めている。ミネラルの推移を見ておき、秋の土壌分析時より苦土が減っていたら、追肥できるようにするためだ。

表3－5　穂肥の違いによる収量・食味への影響・効果

	収量の増加	食味の向上
チッソのみ	大	小
苦土のみ	小	大
チッソ＋苦土	大	中

●一回目の穂肥と同時に

苦土の追肥は一回目の穂肥と一緒にやればよい。水酸化苦土あるいは酸化苦土（成分で五五〜七〇％程度）を、一反当たり二〇kg施す。この程度であれば、多少多くてもイネの収量・品質に影響はない。多ければもち越して、秋の土壌分析時に出てくるので、その時点での施用を調整すればよい。

　前述したようにこの苦土の追肥によって、食味の向上が期待できる。チッソの穂肥をせずに苦土だけ施用した場合、コメのタンパクが減って甘くなり、アミロペクチンが増えてコメの粘りが増す。穂肥で使うアミノ酸肥料より苦土の追肥のほうが、コメの味をよくする効果は高い（表3—5）。

(10) 葉色では判断しないほうがよい

　ここで注意しておきたいのは、葉色の変化による追肥の判断である。

　苦土の施肥を組み入れた有機栽培の場合、化成栽培に比べてチッソ（成分）の施用量が同じでも、葉色は濃く経過し、落ちるのも遅い。これは有機栽培の葉色がチッソだけでなく、苦土由来の色もあわさっているからである。

　このため、化成栽培と同じ葉色の判断をしていては、どうしても追肥が遅くなってしまう。葉色が濃くても有機栽培の場合、チッソ切れが生じている場合がある。そうならないように、綿根の確認をしたり、茎数の推移をみたりして、一見葉色が濃いと思っても、しっかり穂肥を打つことが、有機栽培の特徴を引き出すためには必要である。

　なお、チッソ不足だとイネ全体が黄色くなるが、苦土不足の場合は古い葉、つまり下葉から黄色くなる違いがあるので、知っておくと見分けやすい。

3　ワンランクアップ資材でさらに甘く、おいしいコメに

　有機栽培でイネつくりを行なえば、収量・品質はよくなっていく。コメ粒が丸く太り、パールライスと呼べるような透明感のあるものになる。ここで

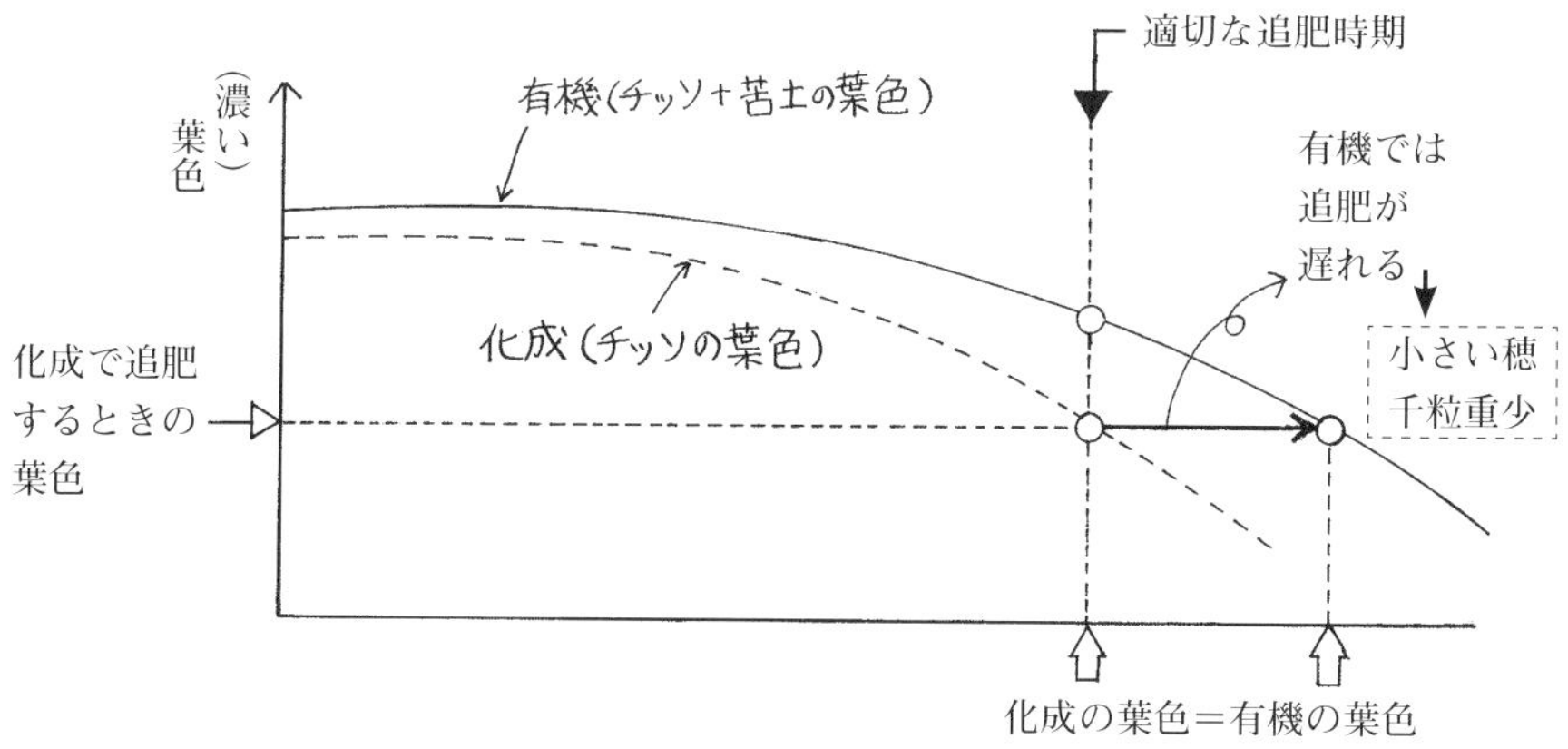

図3－12　葉色の追肥判断はむずかしい

葉色で追肥時期を判断すると有機では追肥が遅れやすい
体内チッソが同じでも有機のほうが苦土が多い分，葉色は濃い

は、このコメの品質をさらにグレードアップさせる方法を紹介しておく。少々経費はかかるが、見返りは大きい。

　お勧めしたいのはキチン質と、海草を含んだ肥料資材である。キチン質はコメの甘味を、海草は粘りをよくしてくれる。

(1) キチン質肥料で甘みの強いコメ

●エアーを多くして発酵肥料化する

　キチン質はカニガラやエビガラ、カブトムシの甲羅などをつくっている物質だが、資材として利用する場合は、海産物の加工場から廃棄物として出るカニガラやエビガラを利用するとよい。

　前著『有機栽培の肥料と堆肥』で紹介したように、これらを堆肥材料や、アミノ酸発酵肥料の素材に使う。堆肥であればエアー量を多めに、チッソ源として利用する場合には、切返しを多めにする。

●コメが甘くなる

　私はエビガラだけの発酵肥料、成分から「キチン質肥料」と呼べるような発酵肥料を使っているが、チッソ成分は三～七％になる。これを穂肥として施用する。チッソ成分で一・五kgくらいの量になる。チッソ量が不足であれば、他のアミノ酸肥料を補う。

　キチン質を施用すると光合成能力が高まり、コメが甘くなってくる。光合成が高まることでデンプン生産が多くなり、コメ粒の実入りをよくすることにもつながっていく。

(2) 海草肥料でまん丸、低タンパクのコメになる

●海のミネラル、ホルモンが凝縮されている海草

一方、海草肥料の原料である海草は海のミネラルのさまざまなものを取り込み、凝縮している。それらミネラルの効果が大きいのかもしれない。私が注目しているのは、冷たい海の中でも何m、ときには一〇mを超えて生長する海草の生長力である。冷たい海の中でも生長できるのは、オーキシンやサイトカイニンなどの植物ホルモン様物質を多く含んでいるからである。

●アミノ酸肥料と併用

私が使っている資材は「ケルプペレット」と呼んでいるもので、チッソ成分は二%と少ない。ほかのアミノ酸肥料と併用することになるが、含んでいるチッソ量以上に高い効果を示してくれる。

施用量は粉末のもので二〇kg程度、チッソは〇・四kg程度だ。これでは穂肥としては足りないので、不足分は他のアミノ酸肥料で補うようにする。

●根の活力を高く維持する

この海草肥料を穂肥として施用すると、根の吸肥力、吸水力が高まり、持続する。イネつくりの後半は、どうしても株の活力が衰えてくる。それは根の養水分の吸収機能の低下や葉の老化によってもたらされる。

ところが、海草肥料を施すと、葉や根の機能低下や老化が抑えられる。おそらくは、海草に含まれているサイトカイニン様物質による葉と根の老化防止効果と、海草に豊富に含まれているミネラルのおかげだと考えている。

●丸くてタンパクの少ないおいしいコメ

おかげでイネは、登熟に必要な最後の水を吸いきることができる。イネはその水を光合成の原料にして炭水化物をつくり、コメ粒にデンプンを詰め込む。その結果、千粒重の大きなコメ粒になる。

穂肥の量が適切であれば、土壌中のチッソ量は登熟期には減少しているので、水を吸いきっても吸収するチッソ分は少ない。コメのタンパク質含有量は多くならない。

キチン質肥料とこの海草肥料を併用することで、粒張りのよい、甘くておいしい、グレードの高いコメがつくれるのである。

(3) コメに粘りを出すマンガンとホウ素

●もう少し粘りがほしい

さらにコメに粘りを出そうとすれば、ミネラルの助けが役立つ。マンガ

ンとホウ素である。土質とか水、気象条件によって決まるコメの品質・味の部分を変えることはできない。しかし、もう少しコメに粘り気がほしいというようなときに、マンガンとホウ素を、穂肥のアミノ酸肥料と一緒に施用する。

●マンガン、ホウ素の役割

マンガンは光合成の工程の中で必須ミネラルであり、十分あることで二酸化炭素の吸収効率をよくすることができる。

ホウ素は粘りに由来するアミロペクチンをつくる初動物質に含まれている。ホウ素の施用によってアミロペクチンが多くなり、アミロースとの割合が変わり、コメの粘りに反映されることになる。

●施用量は少量でよい

穂肥としては、マンガンは硫酸マンガンで二〜三kg、ホウ素はホウ酸で〇・五kgくらいを施用する（注）。穂肥として施用するアミノ酸肥料と混ぜておけばよい。とくにこれらのミネラルは、土壌分析に基づいて石灰と苦土を施用しているのに、「甘みが不足しているようだ」「もう少し粘りを出したい」という場合に補ってみるとよい。

（注）有機栽培ではイオウを含む資材は原則使わないほうがよいのだが、この場合の硫酸マンガンは量が少なく表面施用なので、イネへの影響は無視できる。

＊＊＊＊

以上の資材は、私が勧めているものを施用すると反当五〇〇〇円くらいかかる。しかしそのぶんを補って余りあるものが得られる。収量的には一・五〜二俵の増収になり、しかも味が決定的によくなるからである。とくに味の違いは、栽培している農家の家族が最初に気づくことが多い。新米を食べて、「あれ、いつもより甘くて粘り気があるね」ということになる。

また、コメそのものの劣化が少ないのか、古米でも新米のような食味を維持している。コメ粒の中の水分の保持力が強いのと、胚乳部分のデンプンがしっかり詰まっていることが関係しているのではないかと見ている。

(4) 暖地イネの食味向上策

暖地など気温が高い地域、とくに登熟期に夜温が高くなって、イネが消耗する地域では、どうしてもコメの収量・品質が伸び悩んでしまう。気象を変えることはできないが、コメの味や品質をよくすることは可能だと考えている。

●高夜温や台風の影響で品質が低下

暖かい地域のイネは生育スピードが速いため、からだのつくりに緻密さが欠けるきらいがある。

また、台風が来襲するとイネは風に大きく揺さぶられる。イネはからだを守るために、茎・葉鞘を硬く、太くして、風で倒されまいとする。当然、このためには光合成産物の炭水化物が使われる。本来ならコメ粒にため込みたい炭水化物（デンプン）が、ほかの用途に使われるため粒張りの悪い、腹白や心白などといった品質の悪いコメになりやすい。

●秋処理の目標pHを高く、ミネラル増量

このような暖地の生育特性を改善して、食味を向上させるにはミネラルを活用する。

まず秋処理で施す石灰や苦土を、通常のpH六・五でなく六・八〜七になるよう量を多くしてやる。また、そのほかのケイ酸や鉄、マンガンといった**微量要素類**も多めにする。とくにケイ酸はイネのからだを硬く、台風が来襲してもイネが折れないように支えてくれる。

つまり、光合成でつくられた炭水化物を、余分なからだづくりのため使うのではなく、コメ粒を充実させるほうに使うようにするわけである。

ただし、ミネラル肥料を多く入れれば、それだけコストがかかる。そこは収量と販売価格などを勘案して設計する。

(5) 砂質の田んぼ、粘土質の田んぼ

砂質の田んぼは水はけがよすぎるために、チッソの切れが早く、施用したチッソが流亡しやすい。このため初期生育が悪く、穂数不足になりやすい。しかし、チッソが流れやすいために、チッソ過剰にはなりにくく、タンパク質が少ないコメになりやすい。収量はとれないが、味のよいコメつくりができるのが砂質の田んぼである。

このような田んぼでは、初期生育の改善を試みることである。前年の秋処理で施用する発酵鶏ふんの散布量（チッソ量）を多くし、水溶性のアミノ酸肥料（地力）に変えていく。同時にワラにチッソを吸着させて、肥持ちをよくするような手立ても考える。

反対に粘土質の田んぼは肥持ちがよい。初期の肥効が効くので、最初から生育はよいことが多い。砂質の田んぼに比べて穂数は確保しやすい。しかし、肥持ちがよいために穂肥のチッソが多すぎた場合には、登熟の最後の段階でもなかなかチッソが切れないこともありうる。そのため、コメのタンパクが多くなりやすい。収量はとれるものの、味はもうひとつということだ。

粘土質の田んぼでは穂肥の量が問題になるので、品質改善には慎重に二〜三年かけて決めていくとよい。その方法については、98〜100ページを参照してほしい。

4 化成から有機への切り替えのポイント

(1) 化成栽培の田んぼは…

長年、化成栽培を続けてきた田んぼには、ふつう未熟なワラやイナ株が多く残っている。pHが低く、しかもワラを分解する有用微生物も少ない。

粘土の多い水はけの悪い田んぼだと、二〜三年前のワラが分解されずに残っている場合も少なくない。とくに、ワラの分解など考えずにやってきた人の田んぼでは、田面から二五〜三〇cmくらいの層に未分解の有機物が腐った状態で堆積していることがある。深い位置にあるためになかなか気づかれにくいが、表面のワラ処理をしっかりやったはずなのに、「暖かくなってくるとガスわきが止まらない」「根ぐされが多い」(硫化水素の害)といったことが発生する。

さらに、従来は田んぼに石灰や苦土を入れるという発想はなかったから、土壌中の石灰や苦土などミネラル分がかなり少なくなっている。こうした田んぼで有機栽培に切り替えていくには、どうしたらよいだろうか?

(2) 切り替えるときの注意点

もう一度、化成栽培の田んぼの特徴を整理すると、次のとおりである。

①秋の時点で、未熟ワラが大量に残っている
②二五〜三〇cmの深さのところに未分解有機物が腐って堆積している可能性がある
③酵母菌・乳酸菌といった有用微生物が少ない
④ミネラルが少ない(土壌pHが低い)

有機栽培に切り替える際には、これらのことを念頭に置きながら対応策をとるようにする。

●秋のワラ処理に四〜五kgのチッソ

化成栽培では、秋の時点で、未熟ワラが大量に残っている。これを処理するには、通常に有機栽培で目安としているチッソ量三〜四kgではなく、一kg増量して四〜五kgにする。そうしてイナワラの分解を進める。

この程度では未熟ワラを分解するには足りない場合もあるが、あまりチッソを多くすると、イネの生育に影響する。一年で急に転換しようとせず、三年くらいかけるつもりで、秋のワラ処理は行なうことである。

●腐敗層解消に三〇cmの深耕

ガスわきや根ぐされが改善しない田

んぼは、二～三ヵ所田んぼを掘って、腐敗層があるかどうかを確認するとよい。そしてもし腐敗層を確認したら、プラウ耕や深耕ロータリなどで深くおこし、空気に触れさせて分解を進めるしかない。プラウや深耕ロータリを個人で購入するのがむずかしければ、もっている人から借りるなどして行なう。

●堆肥とアミノ酸肥料で有用微生物を増やす

田んぼの有用微生物が少ないと有機物の分解が遅くなる。チッソを多めに施してワラの分解を促しても、微生物が少ないと、翌春までに有機物の分解を十分に進めることができない。

微生物を増やすには堆肥の投入が一番である。コスト的には鶏ふん堆肥がお勧めだが、多く入れすぎてチッソ過多にしてはいけない。堆肥によるワラ処理はチッソ成分で一kg増量くらいにとどめ、継続して取り組むようにする。

●元肥は秋に施用、春までに分解を促す

それでも、ワラなど有機物の量が多いので、分解には時間がかかる。そこで、元肥（アミノ酸肥料）を秋のうちに全量施用して、土と混和しておく方法もある。春に施したのでは肥効が遅れ、初期生育が悪くなることがある。とくにボカシ肥のようにまだ分解途中の有機物を含む肥料（発酵型アミノ酸肥料）を使う場合には、秋のうちに施用して、少しでも分解を進めておきたい。ただし、雨や雪の多い地域では流亡する量が多くなるのであまりお勧めできない。

●ミネラルの効きについて

秋処理では石灰や苦土などミネラルを施用するが、田んぼによってこのミネラルの効果が思ったほど出てこないことがある。土壌分析をして、必要量を施してもこのようなことがおきる。

これはある意味土壌分析の限界でもあるのだが、長年、石灰や苦土を施用してこなかった田んぼでは、粘土鉱物に吸着しているようなミネラル分まで吸収されてしまい、そのぶん交換性ミネラルが不足してしまうのかもしれない。このような場合に、ミネラルの効果が出ない、ワラの分解も遅い、ということがおこる。その不足分を補おうと、ミネラル肥料を多量に入れるのも無理がある。コストや、労力がかかる。ここはやはり時間をかけ、二年、三年と続ける。そうするうちに、ワラの分解も進み、田んぼのガスわきも軽減されて、ミネラルの効果が実感できるようになる。一年で一〇〇%改善しようと思わず、二～三年かけて少しずつ強くしていくのがよい。

第4章

苗つくりの実際

有機栽培のイネの苗つくりの大きなポイントは、タネモミの処理、床土の調製の二つである。その他の作業管理についてはそれぞれの苗つくりの方法に従って進めればよい。

写真4－1　有機栽培の苗
腰が低く葉の幅も広いしっかりした姿をしている
（撮影：倉持正実）

1　タネモミ処理の方法

(1)　モミ付着の病原微生物を除く

タネモミには、イモチ病菌やばか苗病菌などの病原菌や多くの雑菌が付着している。タネモミが水を吸って発芽の準備を始めると、さまざまな物質、たとえば**アミノ酸**や糖類といった分泌物を周囲に出す。モミガラに付着していた微生物は、この分泌物と床土の中の肥料養分をエサに増殖を始める。

苗つくりはタネモミの発芽がスムーズに進むように、適度に保温され、湿度も十分で、光のさえぎられた環境で行なわれる。これは、カビなどの微生物が増殖するのにも絶好の環境である。こうした中で、タネモミのまわりに付着している病原菌をそのままにして苗つくりを開始したのでは、苗は病気になり、イネつくりのスタートからつまずくことになる。

このようなことがないように**化成栽培**の苗つくりでは、タネモミ処理用の農薬が用いられている。私は**有機栽培**のタネモミ処理の方法として**温湯処理**と**酵母菌処理**の二つのやり方を勧めている。

(2)　温湯処理の方法

●六〇℃のお湯で熱殺菌

農薬によるタネモミ消毒に代わってよく行なわれているのが温湯処理である。

これは、十分な量のお湯（六〇℃）を準備して、そこにタネモミを一〇分間漬けてその後、ただちに冷水に漬けて冷却するという方法である（異なる湯温、時間で行なっている例も多い）。この温度と時間を守れば、タネモミに付着している菌を熱殺菌することができ、しかもただちに冷水に漬けるので、タネモミが煮えて死んでしまうこともない。農薬を使わない**有機栽培**で、苗つくりの技術として広がっている。

●モミを漬ける容器は大きなものを使う

温湯処理は、六〇℃一〇分間という温度と時間をきちんと守ることがポイントになる。

六〇℃のお湯にタネモミを漬けると、温度が低下する。加熱してこれを六〇℃に保つのが大事なのだが、この調整がなかなかむずかしい。手早くし

図4−1　苗の病原菌はあちこちにひそんでいる

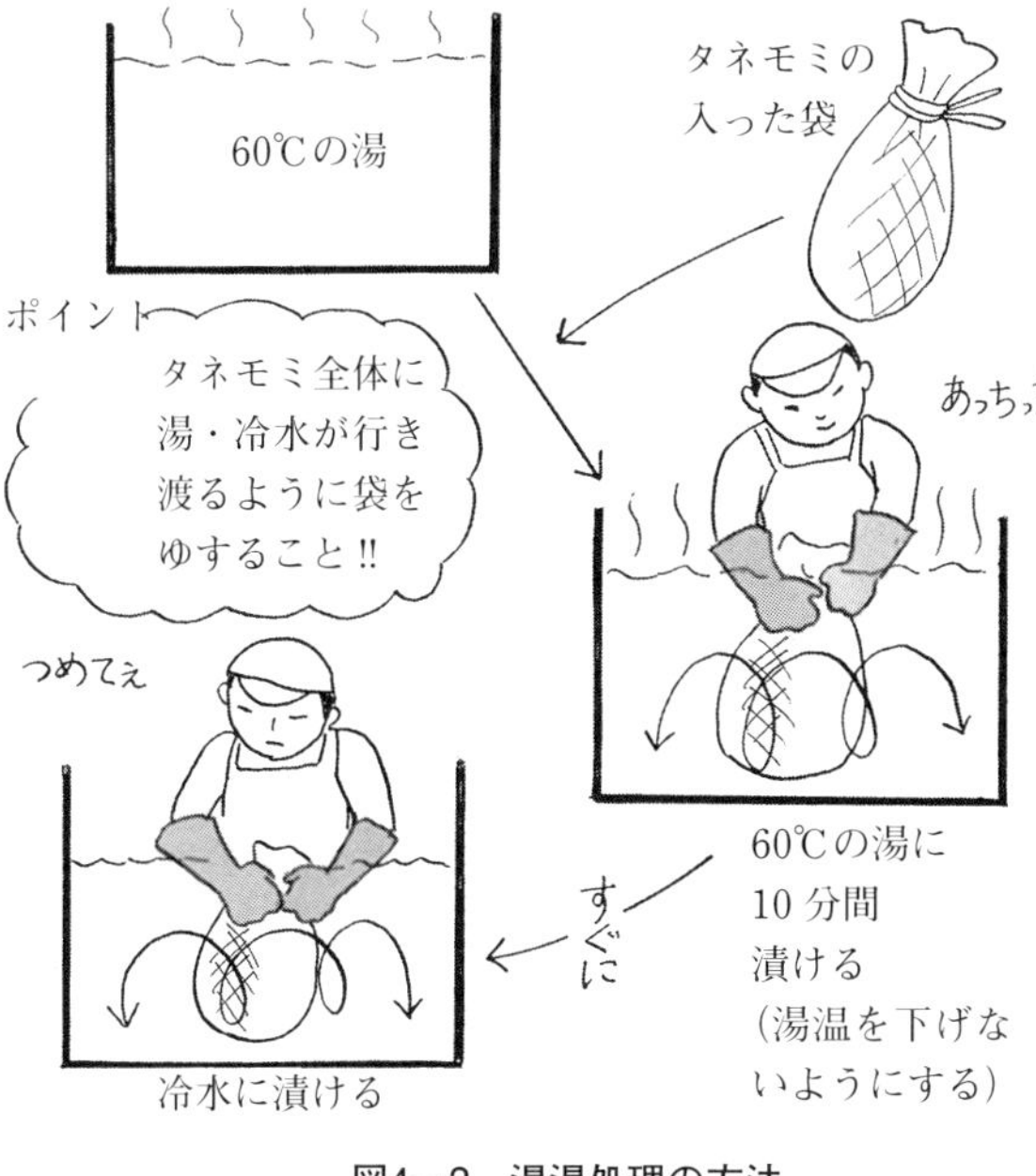

図4−2　湯湯処理の方法

ないと、タネモミがゆだってしまう心配も出てくる。反対に、加熱のしすぎを恐れ、殺菌が不十分になることもある。

また、タネモミを袋に入れて温湯処理した場合、袋の中心部分はすぐに六○℃にならない。袋を揺すって中までまんべんなく六○℃の湯が行き渡るようにしてやることが必要である（冷水に漬けるときも同様）。

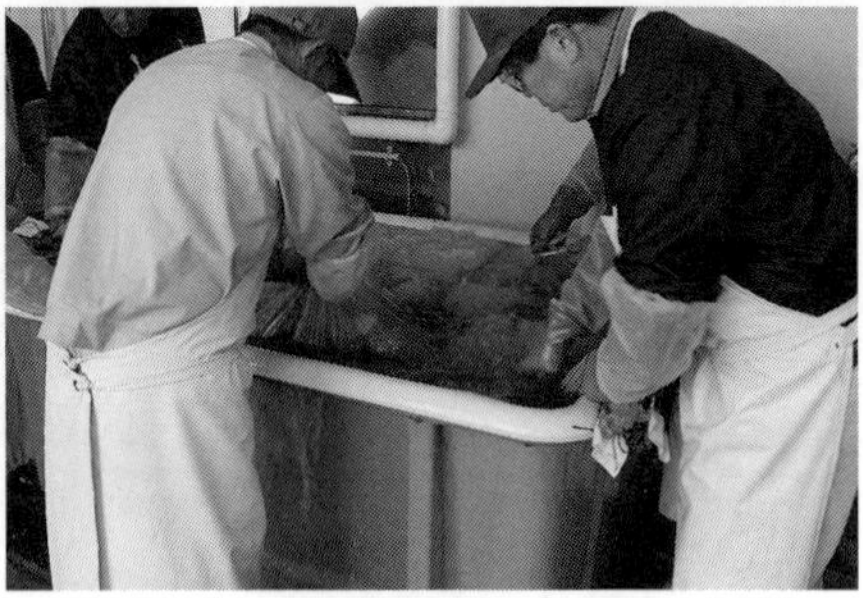

写真4－2　湯温処理では湯に漬けたあとただちに冷却する

写真は雪を入れた水槽で冷却してあら熱をとっているところ

以上のことを考えると、温湯処理を行なう容器は大きなものを用意するのがよい。タネモミを漬けてもお湯が冷めにくく、すべてのタネモミが一気にお湯に漬かるような大きさが必要である。

(3) 酵母菌の力を利用

●生化学的なタネモミ処理

温湯処理が物理的な熱によるタネモミ処理であるのに対して、これから紹介する**酵素処理・酵母菌処理**は、生化学的・微生物的な処理といえる。

この方法は、病原菌のからだをつくっているタンパク質を、酵母菌によって分解してしまおうというものである。酵母菌にそんな力があるのか、と思うかもしれないが事実である。

●酵母パワーでカビを抑える

私は昔、微生物資材の培養をやっていたことがある。そのときに、酵母菌が増える条件下ではカビの仲間が増えないということに気づいた。培養のときはあまり気にもとめなかったが、有機栽培に取り組むようになって、「タネに雑菌・病原菌がついていて、それが悪さをしている」という話を聞いたとき、このことを思い出し、試しに酵母菌の培養液にタネを漬けて栽培してみた。そうしたところが、不思議とその作物が病気にかからなかったのである。

●パン酵母の力

また、パンは小麦粉にイーストを混ぜ、こねて生地をつくって**発酵**させるが、昔から、この「生地は食べるな、胃が焼ける」といわれてきた。増殖している酵母菌には胃壁を溶かす力があるからだと聞いたことがある。パン生地をつくっている人の手がきれいだといわれるのも、酵母菌のタンパク質分解酵素のせいかもしれない。酵母菌には、このようにタンパク質に対してはなはだ強力な破壊力をもっている。

●コウジカビをエサにする酒精酵母

また、日本酒つくりでもコウジカビと酒精酵母という二つの微生物が活躍する。蒸し米にコウジカビを繁殖させて麹とし、その麹をタンクに入れて水とあわせ、酒精酵母を加える。コウジカビにより蒸し米が糖化され、その糖を酒精酵母がアルコールにする。

では、増殖していたコウジカビの菌糸などはどうなってしまうのだろうか。

ボクを
甘く見ないで
いろんな力が
あるんだよ
ホントに
あなたで
大丈夫なの
酵母菌
手がきれい
パン生地
酒つくり
生地を
食べると
胃を傷める
コウジカビを
エサにしてしまう

図4―3　酵母菌はタンパク質を分解する力が強い

実は、コウジカビは、水の中という嫌気的な環境で力を弱め、酵母菌のエサとなり、その増殖に役立っている。コウジカビの菌糸をも利用してしまうのが酵母菌なのである。

こうした力をもつ酵母菌が増殖した溶液の中にタネモミを入れて、タネモミに付着しているさまざまな微生物、カビの仲間を生物的に駆逐してやろう、ということなのである。

(4) 酵母菌処理の実際

●三〇～四〇℃で一二～二四時間

やり方は至って簡単で、次のように行なえばよい。

三〇～四〇℃くらいのお湯に、酵母菌（パン酵母でよい）を二～三％ほど溶かした溶液をつくり、それにタネモミを一二～二四時間浸漬する。

非常に簡単で、低コスト、しかも効果がある。酵母菌は高温を好まないので、温湯処理のように六〇℃といった温度では不適である。できれば保温できる容器にお湯を入れて三〇～四〇℃にし、酵母菌を加えかき混ぜておく。それにタネモミを漬け込む。温湯処理のように温度と、浸漬の時間を

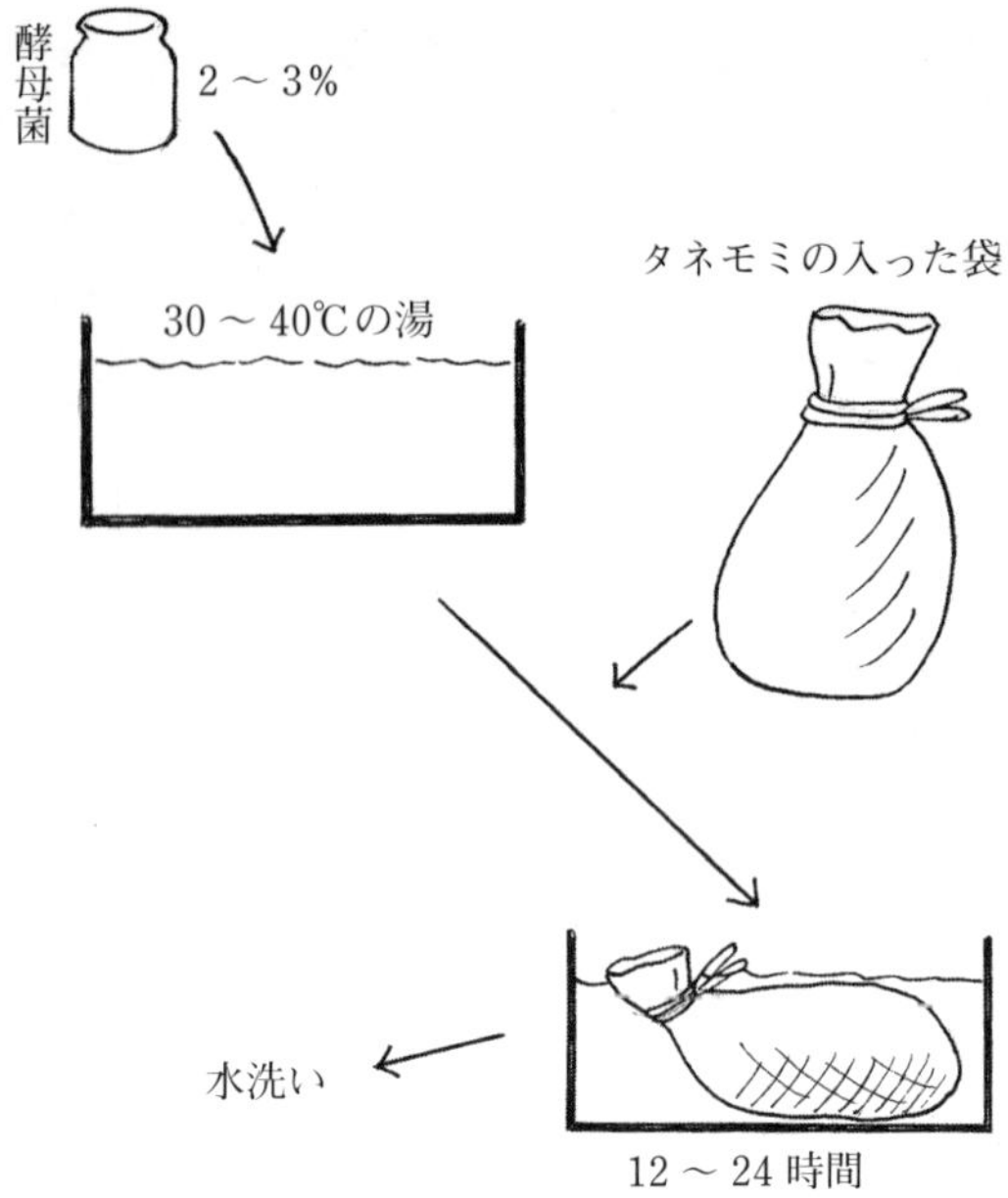
酵母菌
2～3%
30～40℃の湯
タネモミの入った袋
水洗い
12～24時間

図4－4　酵母菌処理の方法

分単位で決める必要はない。

液温が冷めてくれば少しお湯を足して、かき混ぜる。液温が三〇℃以下とか、四〇℃を超えるようになると、酵母菌の増殖が鈍るので避けたほうがよい。

●長い時間の浸漬はよくない

また、液温三〇～四〇℃の溶液にタネモミを漬けていると、芽が動き出してくる。そのため、二日も三日も浸漬し続けるのはよくない。発芽には酸素が多量に必要なので、溶液に漬けっぱなしではタネモミは窒息してしまうからである。

酵母菌処理に使う酵母菌は、市販の天然パン酵母でも、イーストでもよい。最近は低温でも活性の強い山採りの菌も使われるようになってきており、その効果も高い。このパン酵母と三〇～四〇℃程度のお湯をつくれる装置、容器があれば、どこでも簡単にタネモミ処理ができる。

写真4－3　タネモミを酵母菌処理した苗（右）のほうが根張りがよい

●苗が健全に育つ効果も

酵母菌処理がよいのは、簡単で低コストだけではない。タネモミの播種後の生育を強く、健全にする効果がある。

酵母菌処理は、いってみればタネモミに酵母菌を付着させることでもある。タネモミ表面に付着した酵母菌は、伸び出した根や芽の周囲を覆うようになる。

増殖の速い酵母菌はサイトカイニン様物質、いわゆる生長促進物質をもっており、タネモミの根の伸びをよくしたり、水揚げをよくする。また生長して葉を伸ばすようになると、気孔の開閉をスムーズにするなど、イネの生長にいろいろな効用をもたらしてくれる。

もちろん、タネモミの酵母菌処理と同じ理屈で、根に居着いた酵母菌には、カビなどの病原菌の増殖を抑えてくれる効果も期待できる。

このように酵母菌処理によって、イネの苗は病原菌から守られ、健全で力強い生育をすることができるようになるのである。

●酵素処理でもOK

なお、酵母菌が示すタンパク質分解力は、酵母菌がもっている**酵素**に由来している。そこで、この酵素を取り出して利用することもできる。それが酵素処理である。酵母菌処理と同じ効果を発揮させることができる。

酵母菌処理の酵母は市販のパン酵母などでかまわないが、酵素処理の酵素はメーカーが製造しているものを使う。基本的な使い方は同じで、酵素がその効果をなくすような（失活する）高い温度で処理しないことがポイントである。

2　育苗床土の調製

(1)　有機の床土調製はむずかしい

有機栽培では、育苗床土に化成肥料は使わない。そこにタネモミをまき、育苗する。苗箱一枚で用意する床土はわずかなものだが、この少しの床土を調製することは有機栽培の技術の中で、もっともむずかしいもののひとつである。

その理由を簡単に説明しておこう。

●出芽のときタネモミは無防備

床土にまかれたタネモミが根や芽を出すときというのは、イネの一生の中でもっとも無防備な時期にあたる。出芽した根や芽には、イネの葉に特有のケイ酸分の蓄積もなければ、硬い表皮もない。それまでは、硬いケイ酸とセンイ質のモミガラがあった。しかし、タネモミは、浸種やタネモミ処理などによって吸水を始めると、それまでもっていた防御機構が弱くなる。そこへつけ込むように、周囲からカビの仲間の病原菌が、胚乳部分、根や芽を出す部分に菌糸を延ばしてくる。タネモミの内部は発根発芽のためにデンプンやタンパク質が液状化している。これが侵入してきた菌にとっては格好のエサとなる。

●有機栽培の床土は微生物だらけ

一般の栽培では、種子消毒のほかに、育苗床土のpHを四・五～五・五に調整し、さらにタチガレンなどの農薬を混合して病原菌を抑えている。しかし、有機栽培ではこのような農薬を使わない。

しかも、有機栽培ではボカシ肥や**アミノ酸肥料**などをチッソ分として床土に混ぜることが多い。ボカシ肥には、カビの仲間の糸状菌や放線菌、酵母菌などさまざまな微生物が生息している。そんな微生物のかたまりのような肥料を混ぜるわけだから、床土は微生物だらけになっている。

●発芽不良の原因にも

そこへ防御機構の低下したタネモミがまかれる。タネモミはデンプンのかたまりだから、カビなどの微生物にとって格好のエサとなってしまう。

その結果、タネモミは播種したものの、発芽不良で苗が揃わなかったり、発芽しないこともある。病原菌に冒されれば病気が発生する。床土が白や黄色の菌糸で覆われてチーズのように固まってしまうようなこともおきる。

(2) 床土の調製のしかた

●焼土で調製後、堆積

床土を調製するときには、次のような方法をとることが多い。

まず、床土の原料には焼土を用いる。文字どおり焼いた土なので、土壌中の微生物はいない。これにボカシ肥などの発酵肥料を混ぜて、一箱当たりのチッソ量を四～六gに調製する。しかしこれだけだと、やはり不良苗や病苗が出たり、カビの菌糸で床土がチーズのように固まったりすることがある。

そこで、このようなことのないように、調製した床土に水分を加えて、カビが出なくなるまで堆積をする。

目安は積算温度で九〇〇℃はほしい。タネまきまでに積算温度九〇〇℃を確保するには、かなりの日数が必要になる。平均気温一五℃で六〇日だが、寒地ではこの時期はまだ寒いので、これ以上の日数を考えておく必要がある。できれば秋のうちから調製しておくほうが無難である。

堆積すると発酵肥料の有機物をエサにカビの仲間が繁殖し、カビが見えてくる。そうしたら切返しをして、水分を補給、ふたたび堆積する。条件にもよるが、切返しは二～三回行なうことになる。切返しをして、少し酸っぱいにおいがしてきたら床土の調製は完了である。

ただし、この方法は、さまざまな条件を揃える必要があり、毎年、安定した床土を調製し、苗つくりをするのはたいへんむずかしい。

そこで私は、次に紹介する調製方法を勧めている。なお、プール育苗と畑育苗とでは調製法を変える。

(3) プール育苗では床土は無チッソ

プール育苗が行なえるなら私はプール育苗を勧めている。床土の調製が圧倒的にラクになり、しかも健苗つくりも容易だからである。

プール育苗では、プールに水をためて育苗箱全体を水に浸してしまうことで、水に溶けた肥料分をプール全体、つまり育苗箱すべてにまんべんなく行き渡らせることができる。しかも、水の中で育苗するのでカビの仲間は増殖しづらく、苗の病気を大幅に減らすことができる。

●チッソ肥料はプールに施用

床土に有機のチッソを加えて調製することで、さまざまな微生物が入り込み、有機イネの育苗をむずかしくしていると述べた。

しかし、プール育苗では、プールに水を入れれば肥料分はプール全体に行き渡る。このことを利用して、有機のチッソ分は床土に混ぜないで、プールの底面に施用し、その上に育苗箱を並

化成栽培ではなぜ床土のpHが低いのか

化成栽培では、床土のpHを四・五～五・五と、有機栽培より酸性にしている。これは次のような理由があると考えている。

手植えのころの苗場では、pHを四・五～五・五にしないでも立枯れなど苗の病気はまず出なかった。いまの箱育苗に比べて、播種量が格段に薄まきだったし、自然に近い環境の中での育苗だったのでそうした病気（カビの仲間）は少なかったのだと思われる。

ところが、田植機イナ作になると、育苗箱という狭い空間にタネモミを厚まきし、早植えするために育苗器を使うなど、保温的な管理が一般的になる。しかも育苗方式の多くは太陽の光の入らない暗い環境での出芽である。

このような育苗方式は、カビが増殖しやすい環境そのものといえる。そこで、酸性のものには繁殖しにくいというカビの性質を利用して、床土のpHを低く酸性にして、さらに、農薬を床土に混和するようになったと考えている。

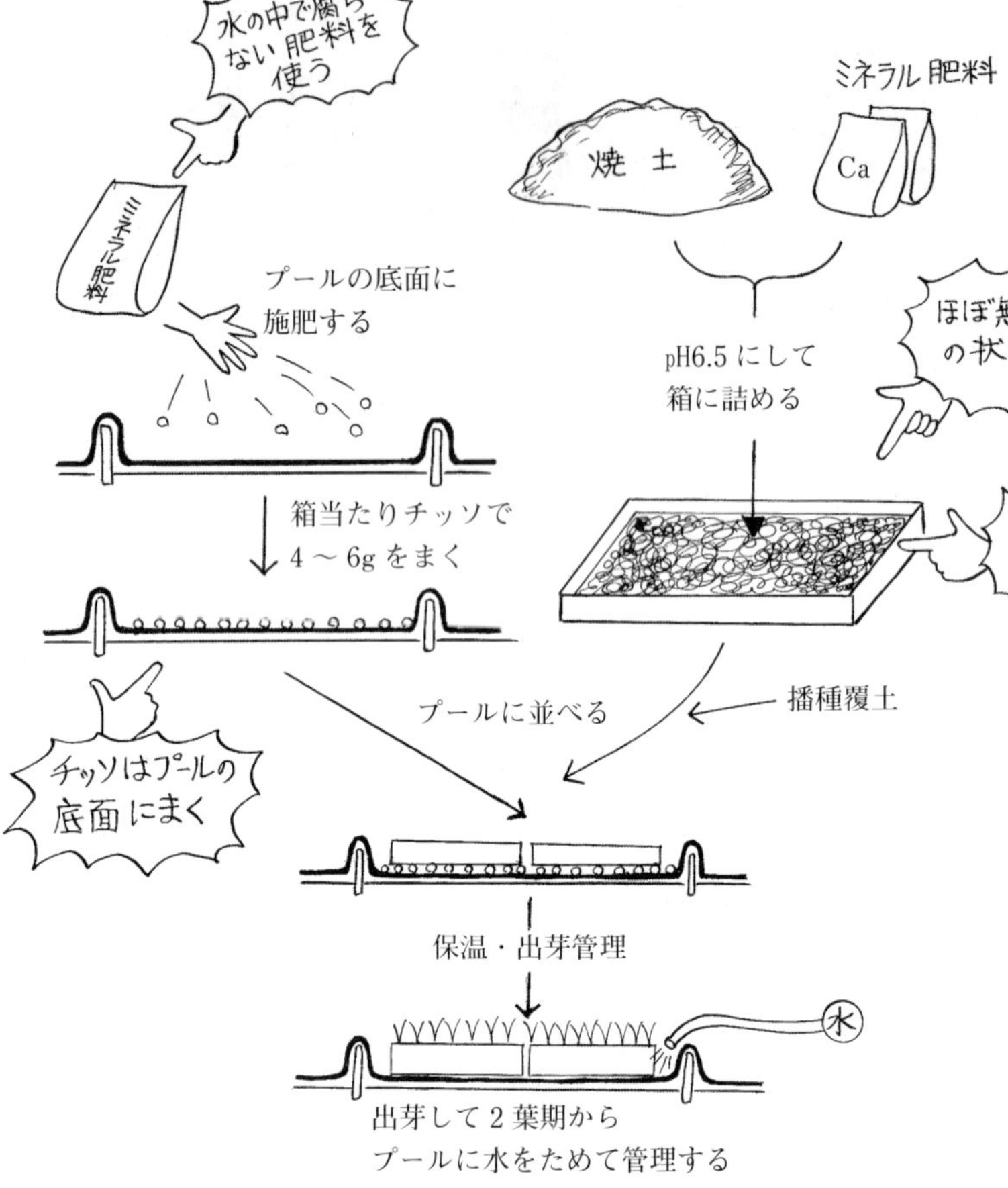

図4−5　プール育苗での方法

写真4−4　床土の調製がむずかしい有機の育苗ではプール育苗がお勧め

べる。

また、床土は焼土と**ミネラル肥料**を混ぜて調製したものを使い、育苗箱の中は無チッソとする。pHは六・五で設定し、土壌分析して不足している石灰や苦土のミネラル肥料を補う。

●苗はほぼ無菌の床土に根を伸ばす

この方法では、播種されたタネモミは焼土とミネラル肥料の混合物というほぼ無菌、無チッソの床土に根を伸ばしていく。そして根が育苗箱の底面の穴から伸び出して、初めて有機のチッソに触れることになる。正確には、かん水すると床土とプール底面の有機のチッソとがつながるので、根が有機のチッソと出会うのはもう少し早いことになる。

いずれにせよ、タネモミはもっとも無防備な発芽時からしばらくは、ほぼ無菌の床土で過ごす。床土に養分がなくて大丈夫かと思うかもしれないが、胚乳養分だけでも、タネモミは育苗箱の底面にまで根を伸ばすことができるので、問題ない。床土にチッソ分がないからといって生育が停滞するようなことはない。

●水の中でも腐らない肥料を使う

根が伸びていけば、苗はプール底面のアミノ酸肥料を吸収して体を大きくしていく。

そして床土に十分根がまわる二葉期から、プールに水を入れて管理する。水をプールにためるようになれば、底面のアミノ酸肥料が溶け出し、プール全体に養分が行き渡る。

施用する有機のチッソ肥料は水の中でも腐らないように、「抽出型アミノ酸肥料」か、十分発酵が進み、酵母菌によってアミノ酸の生成が盛んな「発酵型アミノ酸肥料」を使う。水の中で**腐敗**型の有機物の分解にならないように、酵母菌を添加するとよい。

また施肥量は、プール育苗でプールに並べる「育苗箱数×チッソ成分四～六g」として計算し、プールの底面にパラパラと均一にまき、その上に育苗箱を並べる。

(4) 畑育苗の床土は鶏ふん放線菌堆肥を利用

プール育苗を行なうことがむずかしい場合（水温が高くなって苗が徒長してしまうなど）には、畑育苗となるが、この場合は、鶏ふんを原料にした放線菌堆肥を使う方法を勧めている。

●放線菌でカビを抑える

放線菌とは前著『有機栽培の肥料と堆肥』でも紹介したが、堆肥を積んで表面から五～一〇cmくらいのところに白く見えるのが放線菌のコロニーである。放線菌は抗生物質を出して、カビなどを抑える力をもっている。その性質を利用して、有機の苗つくりを不安定にしている床土のカビを抑えようというわけである。

放線菌は空気を好むので堆肥をつくる場合は、切返しを多くしたり、エアレーションを強めにするのがポイントである。チッソ分には採卵鶏の鶏ふんを用いて、細かいものをふるって材料とし、焼土と混ぜて使っている（詳しくは『有機栽培の肥料と堆肥』を参照）。

●養分の調製

鶏ふん放線菌堆肥には、チッソのほかに**ミネラル**としては石灰やリンサンも含まれている。焼土はほとんど肥料成分は含まれていない。苗箱一箱当たりチッソ成分で四〜六gとして鶏ふん放線菌堆肥の量を決め、それに焼土を加えて、使用する箱数分の床土を準備する。さらに土壌分析をして不足している養分があれば補って、pHを六・五に調製する（床土調製用のソフトを開発している。入手法については、用語集の「**施肥設計ソフト**」を参照）。

●堆積期間は数日でよい

116ページで紹介したアミノ酸肥料＋焼土の床土は、カビを抑えるため酸っぱいにおいがするくらいまで堆積した。しかし、放線菌堆肥を混ぜる場合は、放線菌がカビの増殖を抑えてくれるので、床土を調製して数日積んでなじませる程度でよい。

第5章

雑草を抑える

写真5－1　いろいろな除草方法①
各地で行なわれているアイガモを使った除草

写真5－2　いろいろな除草方法②
紙マルチ田植機を使う
（山形・ファーマーズ・クラブ赤とんぼ）

有機栽培でとくに問題になるのが、田植え後に生えてくる雑草である。最近は米ヌカや木酢を利用した雑草対策もあちこちで取り組まれるようになってきている。しかし、効果があったという反面、草だらけになって減収した、手取り除草をしなければならなくなってエライ苦労した、という話もある。

私の勧めている有機栽培でも雑草対策は大きな課題のひとつだが、各地の実践から見えてきたことも多い。

1　雑草抑制は秋と春の二段階で

雑草を除草剤なしで抑えるのは、そう簡単ではない。雑草の多くは、水田という環境に適応して子孫を残してきているからだ。しかし、秋と春にそれぞれ対策し、あわせ技で厄介な雑草を効率よく抑えることは可能である。

（1）秋に種子の発芽を促し、凍《し》みさせる

秋は、①雑草の種子の発芽を促し、②寒さにあてて草を抑える、という方法を勧めている。

●アブシジン酸が種子の発芽抑制

雑草は種子を田んぼにまき散らして、春、暖かくなってくると芽を出し、田んぼの栄養分を吸収して大きく育つ。冬の間は芽を出さないのは種子のまわりにアブシジン酸という物質があるためで、このために種子は水分と酸素が十分にあっても、簡単に発芽しない。おかげで雑草は、気温が低い冬に

発芽せずに、子孫を残すのに都合のよい温度条件が整うまで待つことができる。

●乳酸菌でアブシジン酸を溶出

そこで私たちは、秋にワラやイナ株などを分解させるために行なう**秋処理**の際、一緒に乳酸菌**発酵**液を散布することを勧めている。乳酸菌によって雑草種子のまわりにあるアブシジン酸を溶出させ、雑草種子の発芽を促すねらいである。

●発芽したところを寒さにあて、耕耘

アブシジン酸が溶出すると、気温など条件にもよるが、種子は芽を出したり、種子の皮を割って、発芽の準備を整えるものなどが出てくる。春ならそのままどんどん芽や根を伸ばして生長し続けることができるが、寒い冬では、せっかく伸びようとしている芽が凍みて、枯れてしまう。

あるいは、トラクタで耕耘して、芽の出始めた種子を土に埋め込み、ロータリの刃で傷つけることができる。こうして雑草種子は発芽しかけたものの、結局は枯れてしまうことになる。こうすることで、春に活躍する雑草種子を少しでも減らしておく。

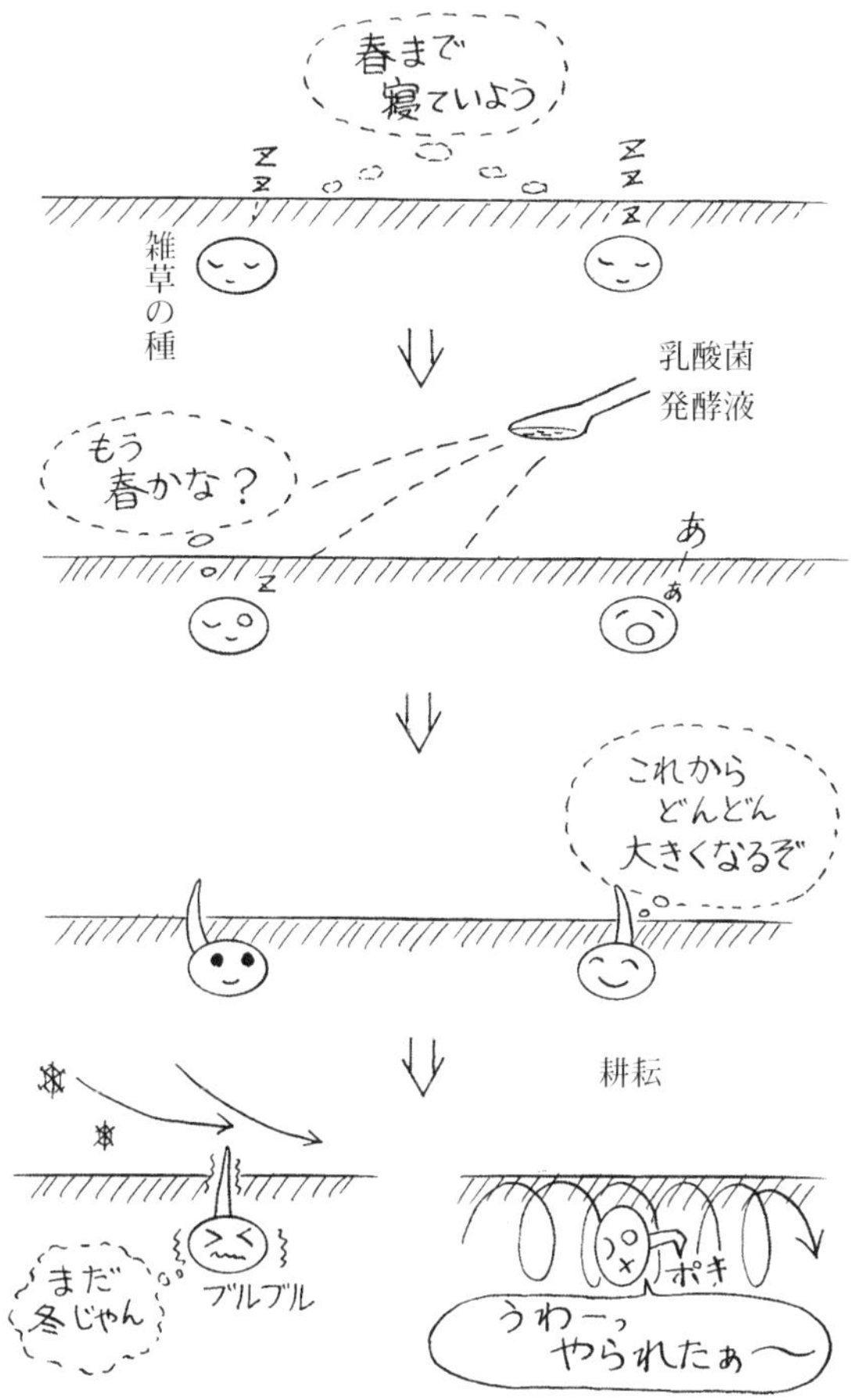

図5−1　発芽したところを寒さにあてたり、耕耘して草を抑える

●市販のヨーグルトを何種類か混ぜて使う

乳酸菌の多くは嫌気的な環境を好む。しかし、発芽を促すために秋に散布する乳酸菌は、ワラの上から散布して耕耘するので、空気に触れても大丈夫な菌

市販ヨーグルト
オリゴ糖
1 ～ 2kg
数種類
100 ～ 200g
pH 4.5
pH メーター
水
100L
3 日くらい
1 日 1 回
ゆするくらい
で OK
pH が 4.5 ～ 5 に
なったら完成
10a 当たり 20L くらい散布する

図5－2　乳酸菌発酵液のつくり方

種を選ぶとよい。このような乳酸菌は、乳酸菌の仲間うちではちょっと特殊な部類に属するが、これまでの経験から市販のヨーグルトを数種類混ぜて使うことで、効率よく種子のアブシジン酸を分解してくれるようである。

●乳酸菌発酵液のつくり方

乳酸菌発酵液のつくり方は、水にオリゴ糖一～二%とヨーグルト〇・一%を加えて、pHが四・五～五くらいに低下するのを待てばよい。具体的には、

水一〇〇L、オリゴ糖一～二kg、ヨーグルト数種類一〇〇～二〇〇gを混合して、一日に一回くらい容器を揺すってやる。空気を送り込む曝気や撹拌は必要ない。三〇℃前後で、だいたい三日もすればpHが四・五～五くらいに低下してくる。pHが低下するのは乳酸菌が増殖して乳酸ができてきた証拠である。

この仕上がったものを田んぼにまいてやればよい。田んぼに均一にまくことができれば、一〇a当たり二〇L程度でも十分効果を発揮する。

(2) 代かき時に乳酸菌散布、ハローで撹拌

●代かき前に乳酸菌を散布、発芽を促す

秋に乳酸菌を散布して耕耘しただけで雑草すべてを抑えられるわけではない。続いて、春の代かき時にも乳酸菌を散布してダメを押す。条件さえ整っていれば、年々雑草種子が減っていき、三年くらいでほとんどの草が生えなくなる。

●ハローで発芽した雑草をたたく

方法は、一回目の代かき（荒代）のときに秋と同じ乳酸菌を散布する。すると、秋処理でまだ発芽していない雑草種子が芽を出してくる。気温や水温が高くなってきているので、秋処理のときに比べて雑草の発芽は早い。

芽が動き出したところを、植え代の

ときにハローを高速回転させて、雑草種子に物理的なダメージを与え、雑草を抑える。

●散布の実際

散布の方法はいろいろある。噴霧する方法もあるし、荒代のときにトラクタにタンクを取り付けてぽたぽたと落とすようにしてもよい。また、入水のときに水口から一緒に流し込んでもよい。あるいは、元肥をまくときに**アミノ酸肥料**に乳酸菌液を混ぜて散布しても構わない。

この乳酸菌の秋、春の連続発芽促進＋耕耘・代かき処理で、春草はかなり抑えられる。

写真5－3　いろいろな除草方法③
乗用の水田カルチを使った除草
（茨城・農事生産組合 野菜村）

2　深水、米ヌカ、有機チッソ、硫マグによる抑草対策

(1)　ワラ処理がコナギ対策になる

●ヒエには効果の高い深水だが……

有機栽培でよく行なわれてきた雑草抑制の方法に深水管理がある。一〇～二〇cmくらい水を張ることで、ヒエをはじめ、各種の雑草を抑えることができる。

しかし、そんな深水でも難防除雑草のコナギは残ってしまうことが多い。

そしてどうもコナギの発芽には、水中の溶存酸素量が関係している。溶存酸素の少ない環境のほうがコナギにとっては生育しやすいようなのだ。

溶存酸素を減らす大きな要因は、ワラなどの有機物である。秋のワラ処理が適切に行なわれないで、田んぼに未分解のワラが多く残っていると、その分解のために溶存酸素が使われ、コナギが多くなるようなのである。

●ワラ分解が進んだ田んぼほどコナギは少ない

しかし、秋処理を適切に進めた田んぼではワラやイナ株の分解が進み、春にはおおかたの有機物が分解されている。これまで有機物が分解するときに使われていた溶存酸素が、あまり減らないで済む。このような環境は、コナギの発育にとってはかえって悪条件になるようで、発生がいつもより格段に少なくなる。

つまり、秋処理が適切に行なわれ、**白い根イナ作**を実践する条件が整った田んぼほど、コナギの発生は抑えられるということである。

(2) 田植え後は米ヌカ、木酢で酸性に

●コナギを抑えたらヒエが出る

一方で、水中の溶存酸素量が多いという条件は、ヒエには好都合である。深水でヒエが抑えられるのは、水深が深いほど溶存酸素量が少ないということも、理由のひとつだろうと考えている。しかし、秋からのワラ処理が順調にいくほどコナギは抑えられるが、今度はヒエにとってよい条件が整ってしまうことになる。しかしこのヒエも、種子周辺のpHが低い（水素イオンが多い）とあまり発芽できないようだ。

そんな性質を応用したのが、酢酸菌や乳酸菌で発酵させた米ヌカ（一〇a当たり一〇〇kgくらい。効果も持続する）や木酢の散布である。

ヒエ対策としては、米ヌカや木酢を田植え後、田面がうっすら覆うように散布し、田んぼの土の表面を酸性にしてやる。これで地表三㎜くらいにあるヒエの種子の発芽を抑えることができる。

●発酵米ヌカのつくり方

乳酸菌で発酵させた米ヌカは、深水にできる田んぼに施用するようにしている。乳酸菌が嫌気性菌なので、水深が深くても活躍できるからである。

つくり方は、米ヌカに市販のヨーグルトをタネ菌として混ぜて、水分を五〇％くらいに調製する。しばらくして甘酸っぱいにおいがしてきたら、保温と直射日光を避けるために黒いゴミ袋に入れ、中の空気を抜いて、暖かい場所に置いておく。一～二ヵ月そのままにしておき、薬っぽい酢のにおいがするようになったらできあがりである。

写真5－4　米ヌカ除草の様子

仕上がるまでに時間がかかるので、早めに準備しておくことが肝心である。

　一方、酢酸菌で発酵させた米ヌカは、深水にしにくい田んぼで使うことが多い。酢酸菌が好気性菌なので、水深の浅い田んぼでないと活躍できないからである。

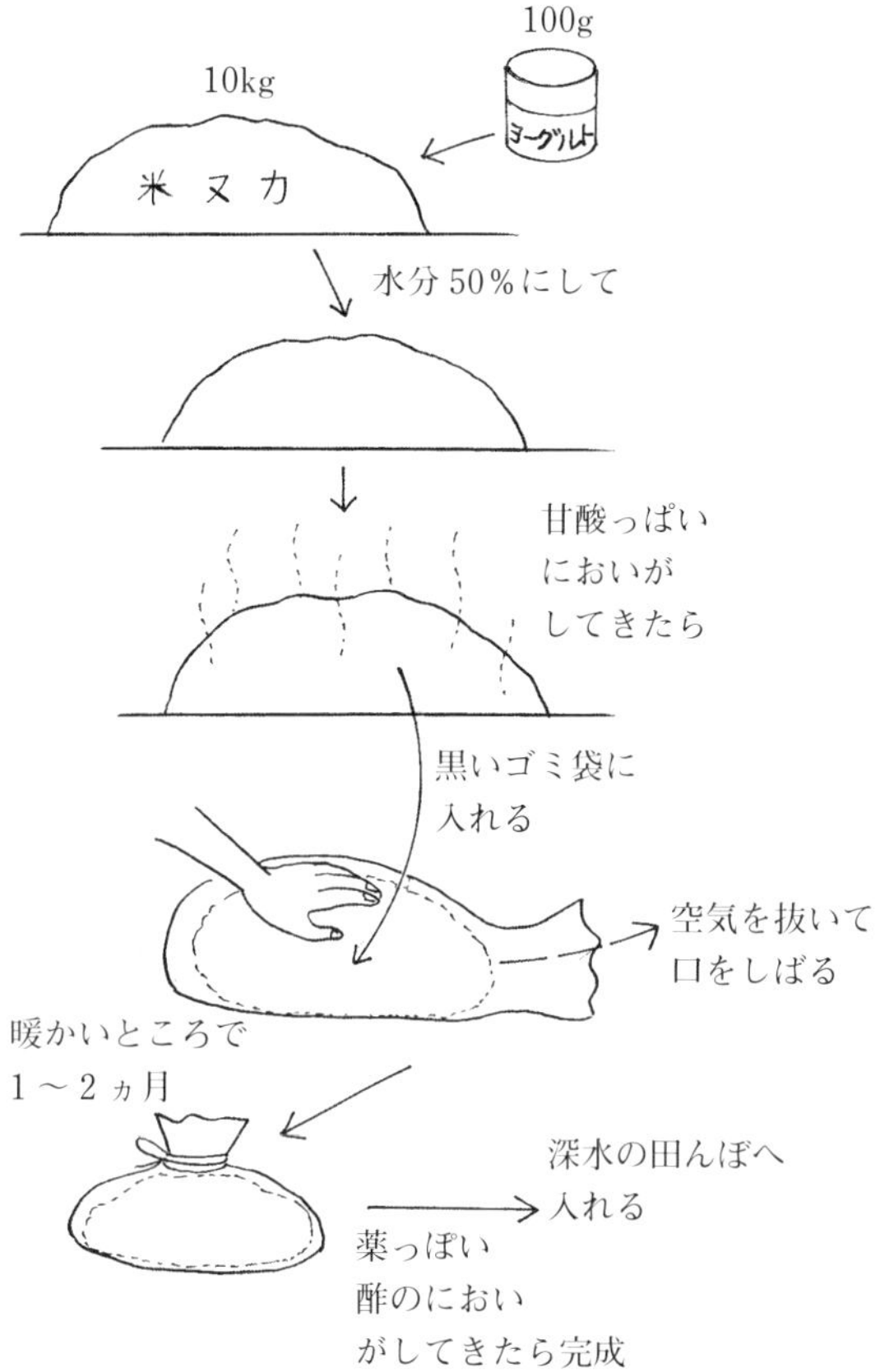

図5－3　乳酸菌発酵米ヌカのつくり方

　米ヌカに酢酸菌（市販のもの、ビールの飲み残しや柿酢つくりの際に表面にできる薄膜を使う）を加え、水分五〇～六〇％に調製する。五〇℃くらいに品温が上がってきたら切返しを行なう。切返しをして、甘いにおいからアルコール臭にかわり、さらに酸っぱいにおいだけになったらでき上がりである。アルコール臭がしてきたら切返しをこまめに行なうことがポイントである。酢酸は揮発しやすいので、できたらすぐに田んぼに施用するようにする。

●米ヌカ除草は水温上昇を待って

　米ヌカ除草は基本的に、有機物を分解して有機酸をつくる（水田に棲む）微生物の働きなので、水温が高くならないとpHが下がらず効果がでない。米ヌカ除草で失敗している事例を見ると、水温が低いときになまの米ヌカを散布したことが原因と思われるものが少なくない。水温が上がって米ヌカが分解して有機酸が生じた頃には、もうすでに雑草は大きく育っていて効果はさっぱり、ということになってしまう。この点、注意が必要である。

　できるならなまの米ヌカではなく、酢酸菌や乳酸菌で発酵させた米ヌカを

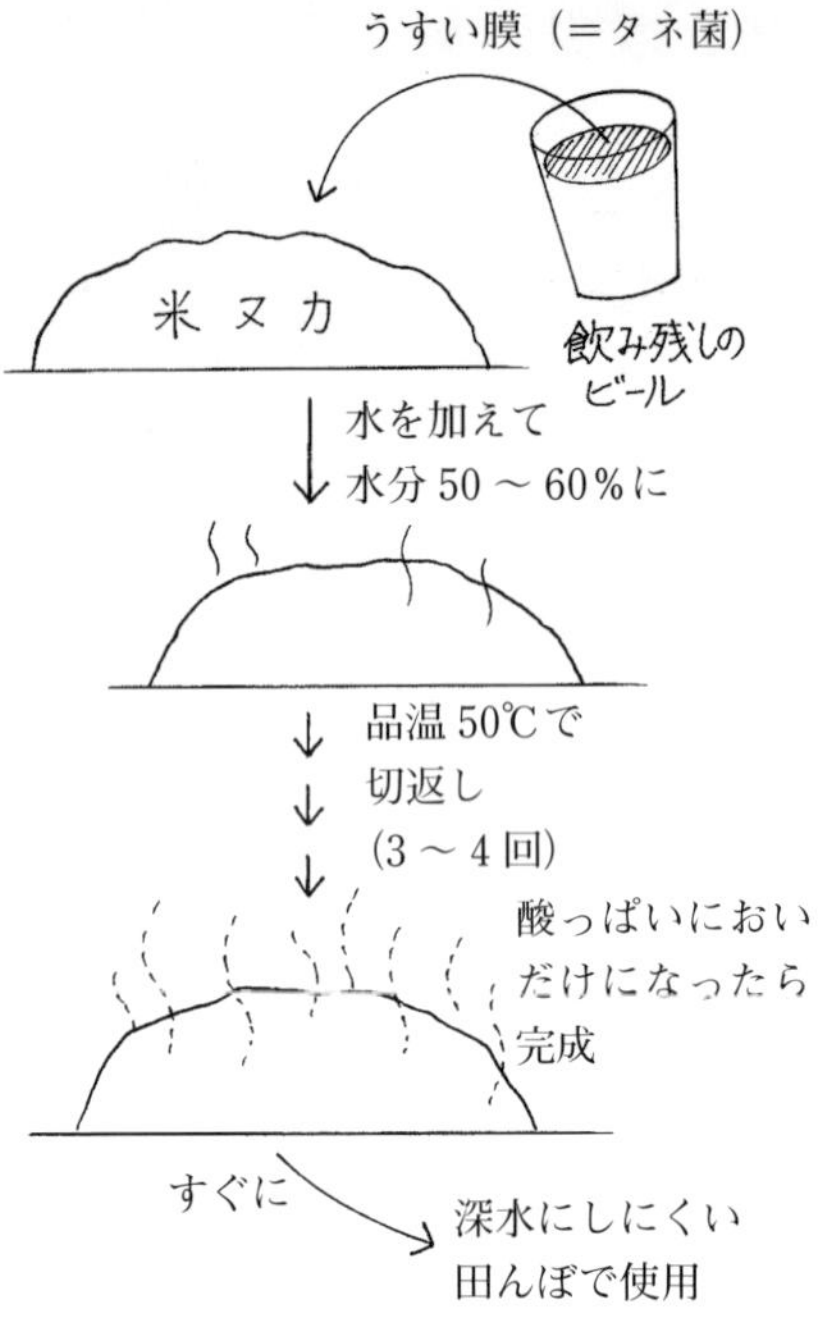
うすい膜（＝タネ菌）
米ヌカ
飲み残しのビール
水を加えて
水分 50 ～ 60％に
品温 50℃で
切返し
(3 ～ 4 回)
酸っぱいにおいだけになったら完成
すぐに
深水にしにくい田んぼで使用

図5－4　酢酸発酵米ヌカのつくり方

施用したい。あるいは木酢を散布する方法もある。

(3) チッソの表面施肥で発芽生理を乱す

雑草の防除法で私がいま注目しているのが、田面に易分解性の有機のチッソ肥料をまく方法である。

雑草の発芽も、種子の吸水から始まる。その吸水する水にチッソ分が過剰に含まれていると、発芽の生理が乱れ、正常な発芽、生育ができなくなって雑草の発生が抑えられる、という発想だ。この方法は、昔、石灰チッソをまいて雑草を抑えていた経験から学んだものである。

秋処理や、植え代でハローによる撹拌などをしても、後から雑草が出てくることがある。そんな雑草種子に、田植え後、チッソ濃度の高い水を吸水させて、発芽生理を乱して生長を抑えるのである。

この方法のポイントは、施肥してすぐに水に溶け出すような易分解性の有機肥料を表面施用することである。魚液などの抽出型のアミノ酸肥料を使うとよい。

(4) 雑草対策はあわせ技で

以上のように有機栽培での雑草防除の方法はいくつかあるが、その中の一つだけで、雑草を抑えることはむずかしい。

そこで、秋処理のときに乳酸菌を散布して雑草の発芽を促して寒にあてる。有機物の分解を春までに進めておくことでコナギを抑える。さらに米ヌ

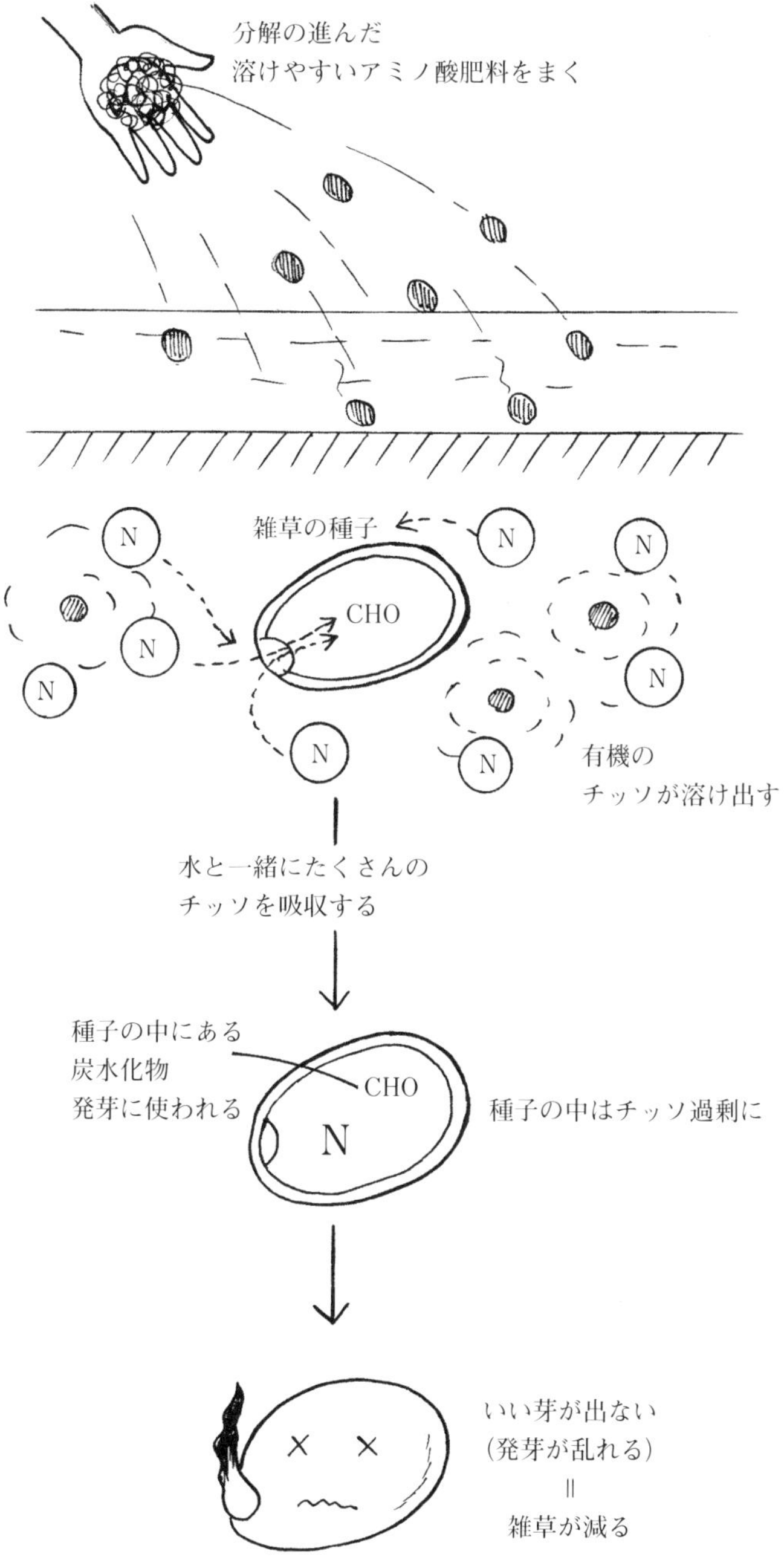
分解の進んだ
溶けやすいアミノ酸肥料をまく
雑草の種子
N
CHO
有機の
チッソが溶け出す
水と一緒にたくさんの
チッソを吸収する
種子の中にある
炭水化物
発芽に使われる
CHO
N
種子の中はチッソ過剰に
いい芽が出ない
(発芽が乱れる)
||
雑草が減る

図5−5 チッソの表面施肥による抑草の仕組み

カ・木酢の散布で、田面を酸性にしてヒエを抑える。これらのあわせ技で幅広い雑草を抑えるようにする。

あるいは、紙マルチ田植えや機械除草、アイガモ除草などを組み合わせて行なうことがよいだろう。

(5) 奥の手は硫マグの表面施用

●田面で硫化水素を発生させる

最後にもうひとつだけ雑草防除の奥の手を紹介しておこう。これは、水田という嫌気的な環境では、硫マグなどのイオウを含んだ肥料は**硫化水素**の原料になるので使わないという、有機栽培の鉄則を逆手に取った方法で、少々危険が伴う。

「白い根」の大敵である硫化水素は、イネだけでなくほかの植物にも有害だが、これを雑草抑制に使おうというのである。やり方は、田んぼの水温が二二〜二三℃ぐらい上昇して微生物の活動が活発になってきたら、そのエサになるアミノ酸肥料（反当三〇kg）と、硫化水素原料である硫マグ（同二〇kg）を表面施用する。すると、田面部分で嫌気的な分解が進み、硫化水素が発生するようになる。この硫化水素が、コナギや難防除雑草の生え始めたばかりの芽を殺してしまうのである。

●秋処理のときの資材が大事

硫化水素は、イネ、しかも白い根をもった有機栽培のイネにとっては猛毒である。そのイネもこの時点ではすでに生長し始めている。このイネに極力影響を及ぼさないように、秋処理の段階で必ず、酸化マグネシウム、炭酸マグネシウム、水酸化マグネシウム、炭酸カルシウム、消石灰といったイオウ分をもたない、酸素をもった資材を投入しておく。こうしておけば、田面で発生した硫化水素が、イネの根が伸びている土の中では水とイオウに分解される。イネの白い根には悪影響を出さないというわけである。そのような仕組みを、春までにつくっておくことが大切である。

●施用後はドブのようなにおい

なお、この硫化水素による雑草抑制は、表面処理後一〇〜一四日くらいはドブのようなにおいが周辺に立ち込める。できればあまり使いたくない方法だ。使わなくて済めば、それが一番よいのである。そのためにも、前年の秋処理をしっかり進めておくことが大切になる。

表面施用の処理量は、アミノ酸肥料三〇kg、硫マグ二〇kgで十分な効果を発揮する。これらの養分量も施肥設計に入れておくことが必要だ。施用後は、ドブのようなにおいがするが、田んぼの水は自然減水にまかせればよい。

第6章

水管理・病虫害管理の実際

（撮影：平井一男）

有機栽培でいくらイネが順調に生育しても、コンバイン収穫時に田んぼが軟らかくて苦労することがあるのは、**化成栽培**と同様である。落水を早くしたり、強くしたりして田んぼを固めることはできるが、それではイネの生育に悪影響を及ぼしかねない。イネの生育と作業性を両立させるような水管理が大切になる。

また、農薬を使わずに、病害虫からイネを守るにはどうしたらよいか、という難問もある。基本はイネを健康に、硬く育てることになるのだが、出てしまったときの対応も考えておかなければならない。

しかし、このイネの生理から見てよい水管理が作業性もよいとはかぎらない。たとえばコンバインでイネ刈りをするには、田んぼの固さが必要になる。そのために、イネの生理に悪影響を及ぼさずにどう田んぼを固めていくかが、水管理の実際面の技術になる。

1 イネの生理と作業性を両立させる水管理

(1) 水位五〜六cm、土壌水分一〇〇%が基本だが…

イネの生理からいうと田んぼの水管理は、水位を五〜六cmに保ち、土壌水分一〇〇%で管理することが基本である。

もちろん、気温が低いときや、風の強いときには水位を高くしてイネの消耗を防いだり、高温のときには水の入れ替えを行なって根や株元を冷やしたりするなど、臨機応変に対応する必要があるが、大事なのは、田んぼの土を水分一〇〇%で維持し、根まわりの環境を安定させ、根の活力を維持することである。これは有機のイネの生育全体を通じてあてはまることだ。

(2) 落水して田面を固める

●穂肥の一〇日前に水を抜く

私は次のような方法を提案している。

それは、穂肥を施用する一〇日ほど前の、まだ**綿根**が出ていない時期に落水して田面を乾かし、表面の三〜四cmが固くなるようにする方法だ。ただし、干割れさせないように走り水などを行ないながら、表面の土を固めてやる。

砂質で水はけがよければ、この時期に落水しなくてもよい田んぼもあるが、粘土の多い田んぼや湿田では、天候によって一週間程度の地固めの期間が必要になる。

●綿根を傷めないことが大事

地固めを行なうための落水は、最高分けつ期＝一回目の穂肥の施肥時期より一〇日ほど前だと述べた。この時期なら綿根を傷つけないで済むからである。綿根は最高分けつ期頃、ちょうど一回目の穂肥の施用時期に発生する。そしてこの綿根は生育中期から穂づくりにかけて、イネの生育を支える養水分、とくに**ミネラル**分を吸収する大事な根である。その綿根を傷めることのないように、発生する前に、落水、地固めを行なっておきたいのである。その時期は、だいたい出穂の五〇日前後になる。

図6－1　イネを害さないよう田んぼを固める

●干割れしない程度で

水を落とすと田面の土は締まる。田面の土壌粒子のまわりを満たしていた水が排水されることで、土が収縮するからである。この土の収縮に伴って、根が切れることがある。養水分を吸収する根、とくに綿根はできるだけ切りたくない。

そこで、落水の時期とともに、その程度は軽くして、土の収縮がおきても干割れしない程度にする。土質にもよるが、干割れがおきる直前に走り水などで土を湿らせて調整する。

(3) 生殖生長への転換促す効果も

●土の芯の水は根の力で抜く

そして、登熟期にはイネの根の活力で土を固めていく。イネは根で土壌中の水を吸い上げ、吸い上げた水を蒸散によって大気中に吐き出している。このイネの力を生かしきることで、田んぼの土を芯から固めてやるのである。これはこれまで述べてきたイネの根を**白い根**のまま、維持し続けてやることと深くつながる。

水管理とイネの根による地固めを組み合わせれば、収穫作業を効率よく進めることができる。

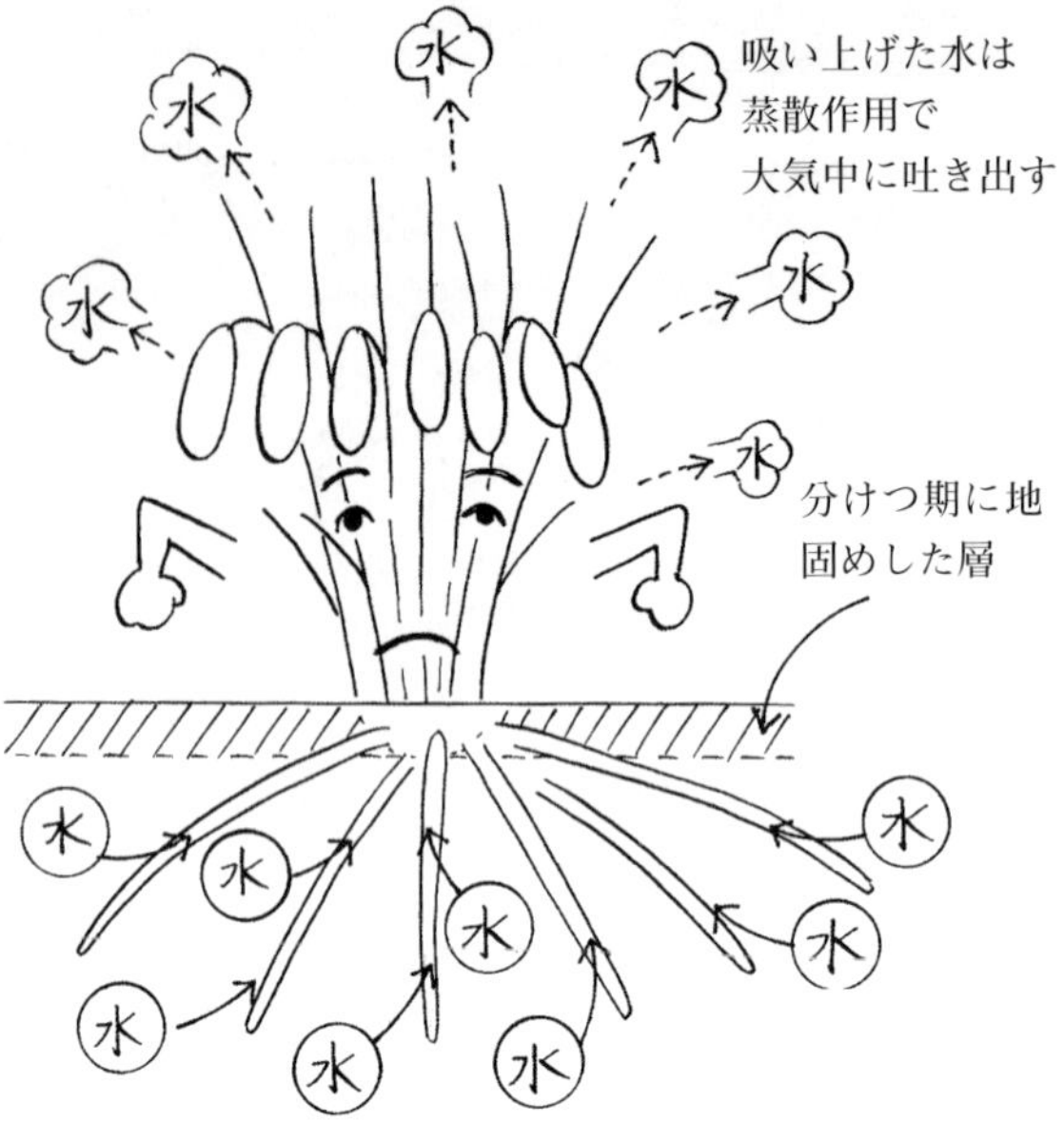
吸い上げた水は
蒸散作用で
大気中に吐き出す
分けつ期に地
固めした層
水

図6－2　土の芯の水は根の力で吸い上げて田んぼを固める

●スムーズな生育転換

この地固めのために行なう穂肥の前の水管理は、軽い中干しと同じである。

落水によってイネの吸水量が減り、水に溶けている有機態チッソの吸収量も減っていく。このためイネはそれまでの分けつを増やす細胞つくりから、子孫を残す穂づくりに、生長の方向を切り替えていく。チッソの吸収量がゆっくり減少していくことで、栄養生長から生殖生長への切り替え（生育転換）がスムーズに進むのだ。

また、田んぼの表面水がなくなることで、土の中で発生しているガスを抜く効果もある。

ただし、この落水管理はいきすぎる（中干しを強くする）とイネの生育を乱すので、注意が必要である。

(4) 強い中干しは避ける

収穫作業で困らないために、あるいはチッソ肥効を弱めて（切って）生殖生長への転換を促すためにというので、強く干して田んぼを固くしがちである。

しかし、強い中干しはイネの生育を乱してしまう。有機栽培ではこのような強い中干しは必要ないし、かえって弊害のほうが大きい。

●根が切れることの弊害

中干しが強く干割れが大きくなると、根が切れてしまう。とくに株の外側に位置している分けつの根が切られるから、養水分の吸収を抑えられた分けつは充実せず、穂揃いの悪い株になってしまう。

しかも中干し後に水を入れると、土に残っていたチッソ分が吸収される一方、肝心の細根が切られているので、ミネラル分の吸収が抑えられる。この結果、イネはミネラルに比べてチッソの多い、チッソ優先の生育になる。

●品質・食味が低下

チッソ優先の生育はコメの総タンパク量を多くして、食味の低下を招く。また、ミネラル分の不足、とくに苦土の不足は**光合成＝炭水化物**生産の低下を招いて、登熟の悪いイネにしてしまう。どちらにしても、コメの品質・食味を悪くする。

強い中干しで生育を抑えなければならないのは、そもそも元肥チッソ量が多すぎるか、十分な**ミネラル肥料**が施されていないことが考えられる。「**チッソ茎数**」（90ページ）による元肥の設定、土壌分析に基づいたミネラル肥料の設計が大切なのである。

●乾土効果でチッソが後効きする

さらに強い中干しは、それまで水で満たされていた土の中に酸素を送り込むことになる。田んぼの土の芯が空気に触れることで、**乾土効果**によるチッソが発現し、そのチッソが生育中期以降に効いてくる。

発現するチッソが多ければ、分けつがぶり返すこともある。チッソの後効きによって、イネ姿が乱れたり、イネが若返って軟らかくなり、倒伏や病害虫を招いたり、登熟を悪くしてしまう。コメの品質や食味にも悪影響を招くことになる。

とくに寒地では、中干しを強くしすぎてチッソが発現し、イネの生育を乱す大きな要因となるので、注意が必要である。

2 病虫害管理の実際

(1) 病虫害対策

●有機栽培と病虫害

無農薬での栽培が基本である有機栽培では、病害虫の被害からどうやってイネを守るかは、避けて通れない課題である。

私の勧めているイネの有機栽培では、これまで、病害虫による大きな被害は受けていない。適切な施肥設計を行なって栽培していけば、イネは健全で強い生育をしてくれる。このことが病害虫被害を大きくしない前提であり、各地で有機栽培を実践している多くのイナ作農家の実感でもある。

イナ作でも、病害虫に対して効果があるという農薬以外のさまざまな資材があるが、そのような情報は専門誌（日本農業新聞、月刊『現代農業』など）を参考にしていただくことにして、本書では、施肥に絡んだ耕種的な防除方法を中心に紹介する。

●病害虫が増えやすい条件

同じ地域の中でも、また同じ一枚の田んぼの中でも、病害虫の被害の出方は異なっている。この違いは、病害虫の生態からくるものだけでなく、田んぼやイネの状態、栽培方法によっても異なる。つまり、イネによって病害虫が増えやすい条件や増えにくい条件があるということになる。そのような条件の違いを知って、イネつくりに生かすことが、無農薬の有機栽培ではことのほか大切になる。

病害虫がイネを加害するのは、端的にいってしまえば、そのイネがエサとして価値が高い、あるいは、エサにしやすいということである。

病害虫はイネの細胞などの栄養分を取り込んで、増殖し、子孫を残そうとする。病害虫のからだはタンパク質からできており、そのタンパク質は**アミノ酸**などのチッソ化合物からできている。つまり、タンパク質やタンパク質に近い物質が多いイネほど、病害虫のエサとしての価値は高いことになる。つまり、病害虫が好むイネというのは、チッソの多いイネなのである。

そしてこのようなチッソの多いイネは、からだも軟らかいので、病害虫にとっては加害しやすい、エサにしやすいイネでもある。

●有機栽培に病虫害が少ない理由

反対に、病害虫が加害・侵入・増殖しにくいイネは、チッソ過多でない、硬いイネということになる。

私の勧めている有機栽培で病虫害が少ない理由は、イネのからだのセンイ組織がしっかりしていて厚く、イネが硬く育っているからだと考えている。

このセンイ組織はセルロースからできており、セルロースは光合成産物である炭水化物が直鎖状に連なったものだ。有機栽培の場合、施す**アミノ酸肥料**や堆肥に炭水化物部分が含まれていて、イネはそれを吸収することができるので、病害虫からイネを守るセンイ組織をつくる原料が多くなる（同時に、チッソよりも炭水化物の優先した生育になる）。

光合成によってつくられる炭水化物と、施された肥料・堆肥から得られる炭水化物、双方の炭水化物が原料になって、厚く、硬いセンイ組織がつくられるのである。

これが有機栽培のイネのほうが病虫害に強い、という理由でもある。

（2）耕種的防除のポイント

●適切なチッソ施肥でイネを硬くつくる

病害虫が増えやすい軟らかいイネをつくるには、元肥チッソ量を多くしたり、穂肥のチッソ量を多くすればよい。葉色の濃い、ペラペラした軟らかいイネになる。反対に、病虫害が増えにくい硬いイネをつくるには、適切な施肥設計を行ない、ミネラルやチッソの施肥量・施肥時期を守ることが大切である。

図6－3　ミネラルを効かせて病虫害に強くする

とくに有機栽培で陥りやすいのが、チッソ肥料の選択のあやまり。なま、あるいはなまに近い状態の有機質肥料を使うと、チッソの肥効がうしろにズレて、イネが軟らかくなってしまう。その結果、病害虫の被害を受けることが多い。

私が勧める有機栽培では、十分**発酵**の進んだ発酵型のアミノ酸肥料か、魚液などを調製した抽出型のアミノ酸肥料を使うが、これらのチッソがねらいどおりの肥効を示すように施すことがポイントである。

●ミネラルをきちんと施用する

イネを硬く育てるにはミネラルも重要である。

イネを硬くするにはセンイがしっかりとしていなければならない。そのセンイは光合成でつくられる炭水化物が連なったものなので、光合成を行なう**葉緑素**の中心にある苦土は必須のミネラルということになる。

とくに病虫害を抑えるという面で見過ごされがちなミネラルに、石灰、ケイ酸、塩素がある。石灰は細胞膜を硬くするために必要なミネラルである

図6−4　通風採光のよいイネは病虫害に強い。おまけに受光態勢もよいから，おいしいコメがたくさんとれる！

し、ケイ酸はイネの表皮をガラスコーティングしたりセンイを強化する役割をもっている。このケイ酸はイネの地上部のすべての部位の表面に集積しており、イネを加害・侵入しようとするすべての病害虫からイネを守る盾のような役割をもったミネラルである。また、塩素はミネラルとはいえないが、組織をひきしめる働きがあり、病害虫の侵入を阻止する効果がある。

●光が株全体に当たるように栽培する

イネは一坪に一〇〇〇本以上の分けつを出し、その一本一本には数枚の葉がつく。そのため、一株の分けつ数が多く株元の混みあった寸胴なイネ姿だと、分けつ一本一本に十分な日が当たらなくなり、風通しも悪くなる。露なども乾きにくく、蒸れやすい。そのため、イネが軟らかくなり病害虫の被害も受けやすくなる。

病害虫に強い、硬いイネをつくるには、イネの生育期間中はできるだけ株元まで光が入り、風が通るように、一株の植込み本数を少なくすることがポイントである。私は一株一〜三本植えを勧めているが、植込み本数を少なくすることで初期から株が開張し、通風採光のよいイネ姿に育つ。病害虫の棲みつきにくい環境で、しかもイネも硬いので、病害虫の被害も受けにくい。

(3)　おもな病気の対策

次におもな病害虫について、もう少し詳しく防除法を見ておこう。

●イモチ病

▼露切れのよいイネをつくる

イモチ病菌はカビの仲間で、イネに

ついた胞子は葉露や雨粒などの水滴中で発芽し、付着器と呼ばれる器官をつくり、それを伸ばしてイネへ侵入、病斑をつくる。このとき水滴がイネに長時間とどまっているほど、イモチ病菌の感染が多くなる。つまり、葉露の切れの悪いような姿のイネは、イモチ病に感染しやすい。

葉が立っているようなイネであれば、葉露はすぐに切れるのだが、葉が寝ているようなイネだと葉露はなかなか切れない。そうこうしている間にイモチ病菌がイネに侵入、発病してしまうことになる。そこで、葉がしっかりと立つようなイネ姿をつくることが、イモチ病の耕種的な防除法のひとつになる。そのためには、適切なチッソ施肥がポイントになる。元肥の量、穂肥の時期と量、そしてチッソ肥料の質が課題になることは、先に見たとおりである。

▼ケイ酸の施用

さらに83ページでも紹介したように、イモチ病常襲地のようなところではケイ酸資材の施用効果が高い。吸収されたケイ酸はイネの表皮部分に蓄積して、イモチ病菌の侵入を阻止してくれる。ただし、ケイ酸資材は溶けにくいので、必ずパウダー状のものを使うことがポイントである。

▼ニガリの追肥

また、ミネラルの中で防除効果を引き出すものとして塩素がある。海水を散布して効果があったという話もあるが、それは海水中の塩の成分である塩素が効果を発揮したのかもしれない。塩素は組織を硬くひきしめる効果があるからである。

そこで、私はイモチ病がよく出るような地域・気象でのイネつくりでは、穂肥のときに施用する苦土肥料として塩化マグネシウム（いわゆるニガリ）の施用を勧めている。反当二〇〜三〇kgほど散布することで、イモチ病などに効果があると考えている。

▼イモチ病が出たら石灰資材の散布

ではイモチ病が出てしまったらどうしたらよいか。

よく木酢などの有機酸を散布するとよいという話を聞くが、私はイモチ病にかかっているイネの周辺に、消石灰や生石灰を粉剤のように散布する方法が効果があると考えている。粉末の石灰資材を葉面に付着させて、そのアルカリの力でイモチ病菌の菌体を溶かしてしまおうというねらいである。ナイアガラホースのような防除機器を使うこともできる。

ただし、イネは石灰が付着しても問題はないが、人間にはアルカリが強すぎ、汗をかいた皮膚などに付着するとヤケドのようになる。散布にあたっては注意が必要である。

●モンガレ病

▼登熟期の下葉枯れに注意

モンガレ病は越冬した菌核が代かきなどで浮遊して、それがイナ株に付着して感染する。用水路などからも流れ込むことがある。モンガレ病は発病する前に手を打っておきたい病気である。

モンガレ病は、感染によって出穂後の下葉枯れを助長すると、収量・品質に直接影響するようになる。モンガレ病がイネの葉鞘部分を冒し、葉身へ養分を送ることを妨げてしまうと、下葉枯れが進む。さらに条件によっては、上位葉にまでモンガレ病が進展することもある。出穂後のモンガレ病の進展は、登熟を妨げ、くず米を多くし、品質・食味を低下させてしまう。

▼疎植にして通風採光をよく

モンガレ病は株内が混みあっていたり、株同士が近かったりすると、菌糸を伸ばして病勢が拡大する。そのため、病気の進展を遅くするためには、一株植込み苗数、一坪当たりの株数をできるだけ減らして通風採光をよくしていくこと、つまり疎植が基本である。

▼硫化水素による根ぐされに注意

また、モンガレ病の発病を土の中の未熟有機物が促すことがある。節間伸長を始めたイネは、地中ばかりでなく地上部の節間からも根を出す。その根が、未熟有機物が分解して発生した硫化水素によって黒く腐る。そこからモンガレ病菌が侵入し、イネを冒すのである。

このようなことがないよう、とくに穂肥に使う有機質肥料はできるだけ発酵の進んだもの（アミノ酸肥料など）を使うようにする。

▼夜間かんがいで株元を冷やす

また、出穂期以降の気温が高い場合など、高い水温によって株内が蒸れ、モンガレ病蔓延の条件が揃う。このようなときには、水温の高くなった水を夕方落水して、夜間に冷たい水を入れるようにする。こうすることで水温の過度の上昇を防ぎ、モンガレ病などの病気の蔓延を防ぐことができる。イネの消耗も抑えられ、登熟の面でもよい成果を得ることにつながる。

(4) おもな害虫の対策

●イネミズゾウムシ

▼チッソ主体の床土で育った苗が被害

イネミズゾウムシは田植え後の初期生育を大きく阻害する。地上部の葉ばかりでなく、根を食害するので、イネの生育を大きく抑制してしまう。

イネミズゾウムシの発生の様子を見ていて気付いたのは、被害の多少と育苗床土の調製のしかたに関係がありそうだということである。イネミズゾウムシの被害の多い田んぼでは、育苗床土の調製はチッソ主体で行なっている。しかし、チッソにミネラルを加えて調製した床土で育った苗には、イネミズゾウムシの被害が少ないようなのだ。

これは、苗が硬く育つためにイネミズゾウムシが好まないのではないか、と考えている。

▼床土にケイカルと水マグを混ぜる

床土の調製で重要なミネラル肥料はケイカルと水マグ（水酸化マグネシウム）である。ケイカルのケイ酸はイネの表皮を硬くするうえできわめて重要である。またケイカルのカルシウムは根や葉などの細胞膜を強くする。ただしケイカルは溶けにくいので、必ずパウダー状のものを使うことである。

またマグネシウムは葉緑素の中核物質で、光合成をしっかり行なうための必須ミネラルである。光合成でつくられた炭水化物が、イネのからだを形づくるセンイとなり、イネを害虫から守る。

●メイチュウ

メイチュウは出穂したあとの稈に食い入って加害する。メイチュウの場合も他の病害虫と同じように、硬いイネは加害しづらい。そこで、ケイ酸や石灰などの表皮を硬くするミネラルをしっかり施用しておく。

また、一株当たりの苗の植付け本数を減らすことで、通風採光をよくし、イネを硬くすることも、メイチュウなどの加害を減らすことにつながる。

よく寒地のイネつくりで、分けつしないからといって植込み本数を多くすることがあるが、このような方法は、株元の通風採光を悪化させて、稈を軟らかくすることにつながり、メイチュウなどの害虫の被害を助長することになる。

●カメムシ

カメムシは斑点米などのコメの品質を低下させる厄介な害虫である。田んぼの近くにイネ科の牧草などが多いと、その近隣にある田んぼに飛来し、加害する。

カメムシ防除の基本も、イネを硬くして、被害を少なくすることである。その方法として勧めているのが、ケイ酸とニガリの施用である。毎年、カメムシ被害の多い田んぼ、周辺に休耕田や転作田などがあってカメムシの被害が心配されるようなときは、イネを硬くする効果のあるケイ酸を通常より多く施用したり、穂肥のときに施す苦土肥料を塩化マグネシウムに変えて、塩素の組織をひきしめる効果を利用するのである。

●ウンカ類

ウンカ類としてはセジロウンカ（夏ウンカ）、トビイロウンカ（秋ウンカ）、ヒメトビウンカなどが知られている。ウンカ類はイネを吸汁加害して、生育を阻害し、ひどいときは坪枯れなどの大きな被害をもたらす。

このウンカ類に対する対策も、他の害虫と同様、風通しをよくし、ムレないようにイネを育てることである。植込み本数や株数（栽植密度）をできるだけ少なくしてスタートしたい。施肥については有機栽培の基本を守って、アミノ酸肥料、ミネラル肥料を施用して、炭水化物・ミネラル優先の硬いイネつくりを心がけることである。

また、農薬を散布しないことで天敵も増えてくるので、ウンカ類の大きな被害を食い止める力になる。

栽植密度などの耕種的防除法と、施肥によってセンイのしっかりしたイネをつくり、天敵などの生物的な防除法を組み合わせることで、ウンカ類の被害を抑えることができる。

第7章

（農家事例）有機イナ作を実践する人たち

◆田んぼに酒つくりの原理を導入して，限界突破のイネつくりをめざす

……福島県会津美里町・児島徳夫さん

◆秋処理を取り入れて産地全体の食味が上がった

……山形県置賜地域・ファーマーズ・クラブ赤とんぼ

◆根を阻害しない土，大胆な疎植，遅植えで見えてきた，食味のよいコメの多収栽培

……茨城県筑西市・農事生産組合 野菜村

（2007年取材，執筆：柑風庵編集耕房）

田んぼに酒つくりの原理を導入して、限界突破のイネつくりをめざす

福島県会津美里町
児島徳夫さん

福島県会津美里町の児島徳夫さん（一九五〇年生まれ）は高校の教師をしながら水田五・二haで**有機栽培**を行なっている。そしてすべての田んぼで、おいしいおコメを一〇俵以上とりたいと頑張っている。

これまでいろいろな有機栽培を経験してきているのだが、それらも含めて、お話を伺った。

写真7－1　児島徳夫さん
自家製堆肥，紙マルチ田植えで有機無農薬10俵平均をめざしている

イネの無農薬栽培をめざして

●イネつくりには向かない土質

児島さんは、四反ほどの田んぼをもつ兼業農家だが、徐々に借地しながら経営面積を増やし、現在の規模にしてきた。

丘を削ってつくった切り土のような田んぼが多く、中には石が多く草も生えないような田んぼもある。多くの田んぼは扇状地の上部に位置しており、「腐植や**ミネラル**は流れてしまって少なく、果樹には適しているがイネつくりには向かない土質」だという。

●最初は完全な失敗

児島さんは以前、自然保護運動に参加していた。その活動のなかで田んぼや畑で多くの農薬や除草剤が使われていることに気づき、まずは自分の田んぼで無農薬栽培に取り組んでみようと考えた。かれこれ一五年ほど前のことである。

ところが、そんなにむずかしいことではないと思っていたイネの有機栽培だったが、「完全な失敗」に終わる。何しろ、六俵、七俵しかとれないのだ。いろいろな情報を集めて、試行錯誤を繰り返しても、いい成果は上がらなか

った。

●EM農法で最高の収量を達成したが……

そして一一年前、EM農法に出会う。EM菌でボカシをつくり、それを施用した。さらにEM一号を糖蜜で培養して活性液をつくり、それを三〇〇Lほど田んぼに流し込んでイネをつくった。そのイネがすばらしいできになり、三反の田んぼで反収は一一俵半。これまでで最高の収量を上げることができた。

そして二年目。一年目と同じことをやったのだが、なぜか六～七俵しかとれなかった。同じようにボカシ肥をつくり、活性水を流し込んだ。それなのに一年目に比べて半作の収量にしかならない！　児島さんには理由がまったくわからなかった。

その後はボカシ肥のつくり方を変えたり、使う微生物を変えたりした。堆肥も入れた。「オカルトにまで走った」のだが、収量は六俵程度、よくて七俵と、以前の水準に戻ったままだった。

EM農法二年目からの児島さんのイネつくりは迷走するばかり。あの一年目の成績はいったい何だったのか？

小祝農法に取り組む

●転機となった小祝理論

転機になったのが二〇〇四年の冬、熱塩加納村で聞いた小祝さんの有機栽培理論だった。

「イナズマに打たれたような衝撃を受けた」「目の前の霧が晴れた」ような思いがした。**光合成**が植物の生きていく源であり、すべてのもとは太陽であること、そして無機と有機の違いは、炭素（C）のあるかないかなのだという、いま思えば当たり前のことだった。

しかしそこから、これまでの成功失敗の理由がわかり、小祝さんの有機栽培の理論がスーッと腑に落ちた。と同時に、迷走していたイネつくりに一本の筋道がとおり有機のイネつくりの基本となる考え方がわかったようだった。

この年、児島さんは二haの田んぼのうち三反で小祝流の有機栽培を試みた。小祝さんの話を聞いた人たちはまだ疑心暗鬼だったが、一人、児島さんだけが実践に踏み切った。

●一年目　反収一〇俵弱

話を聞いたのが年が明けてからだったので、**秋処理**はできなかったものの、石灰と苦土、そして**アミノ酸肥料**を㈱ジャパンバイオファームから取り寄せて施用し、春に耕耘した。

イネの生育はそれまでと大きく違った。初期生育がよく、葉幅が広く、厚みがある、そして、イネが輝いて見えたという。

元肥はチッソで六kg、追肥を出穂三五日前頃にチッソで二kgという施肥。

収量は一〇俵弱、ほかの田んぼは七〜八俵だったから二俵くらいの増収になった（収量はライスグレーダー一・九mmで調製。以下同様）。

コメもおいしかった。食感がいい、粘りけがあるけどあっさりしている。甘みもあった。仲間や職場の同僚などに食べてもらったが、皆これまでのコメよりおいしいという。

写真7−2　田植え1カ月後の力強いイネ姿

収量の面でも、食味の面でも、確かな手応えを感じた一年目だった。

●面積を拡大、限界突破を試みる

二年目は全面積（三ha）で有機栽培に取り組んだ。三年目の二〇〇六年は四・二ha、平均で八・五俵の成績だったが、児島さんにとって初めて「限界突破（反収一〇俵以上）」の年となった。三枚の田んぼで一一・五〜一二俵の収量を上げることができたからだ。ただし、元肥をチッソで八kg、追肥をチッソで四kgと追い込んだつくりになったせいか、食べたコメの食感が悪く、光沢が薄いように感じた。

そして四年目の二〇〇七年は、五・二ha作付けた。平均収量は八・五俵。限界突破をねらった田んぼでイモチ病がつき、七俵どまりだったことが災いした。それでも最高は一〇俵弱という田んぼもあり、平均して八・五俵を維持することはできた。

毎年、いろいろ反省点はあるものの、児島さんはいまの有機栽培の方向性に確信をもって取り組んでいる。

児島さんのイネつくりの実際

●秋処理の考え方

▼寒地ではワラを分解する微生物が働かない

小祝さんの有機栽培では、イネの収穫後に田んぼに残るワラや切り株などを春までに十分分解しておくことがポイントになる。しかし、会津のようにイネ刈りが遅く、しかも雪の多い地域だとなかなかそれがむずかしい。気温・地温が低くて、微生物の活動が弱いからだ。

収穫後に石灰や苦土、堆肥をまいて耕耘することも、雨や雪のせいでできない場合もある。耕耘できても、すぐに寒くなってしまって微生物をうまく働かすことができないこともある。

そんな会津の条件下でも有機物の分解が進むように、児島さんは田んぼに酒つくりの原理を導入するとよいと考えて、実践している。

酒つくりは、「寒仕込み」というように、雑菌が増殖しにくい寒い時期に原料を仕込む。酒つくりに活躍する微生物たちは、一年でもっとも寒い時期でも有機物を分解して有用な物質をつくり出している。

▼低温に強い酵母を活用

そこで、会津のように寒い地域でも、低温に強い酵母を上手に使えば、春までにワラなどの有機物の分解を進めることができるのではと児島さんは考えた。酵母はもともと、ほかの有用微生物、たとえばこうじ菌や放線菌、納豆菌などに比べると、低い温度でよく増殖する。

酵母菌は現在ではいろいろ採取されていて、より低温下でも**発酵**する力の強いものも数多くある。たとえば寒仕込みに使う酒精酵母やふつうのパン酵母などの中にも候補は多いと児島さんは考えている。

▼低温に強い酵母菌を増やした堆肥

酵母菌を糖や大豆の煮汁などを加えたタンクなどで培養することもできる。しかし、も

写真7－3　酵素処理中のタネモミ

25℃の水で昭和酵素500倍液をつくり，24時間浸種する。酵素処理後は十分な水で酵素を落とし，タネまきまで水に漬けておく

写真7－4　播種後35日の苗

床土は山土80%，堆肥10%，くん炭5%，ケイ酸の多い粘土3%，発酵鶏ふんとアミノ酸肥料を混ぜた有機肥料2%を混合し，3日以内に使う。播種量は芽出しモミで60 ～ 80gまき，ワリフ育苗で35 ～ 50日苗（3.5 ～ 5葉苗）を田植えする

土壌分析と施肥設計（例）

（%）			反当たり施肥量（kg）		
ホウソ	マンガン	鉄	元肥	追肥 1	追肥 2
			68	15	
					20
		0.2	20		
	0.1		15	15	

っと効率のよい方法が、目的とする低温に強い酵母菌を堆肥をつくる過程で増やすという方法である。

児島さんは二〇〇六年に自宅近くに堆肥舎をかまえ、そこで米ヌカやモミガラ、かやぶき屋根のカヤ、おから、牛ふん、カンナ屑など地元で入手できる有機物を使って堆肥をつくっている。酵母菌は、その堆肥つくりの最後の切返しのときに加えて増殖させ、堆肥と一緒に田んぼに施用している。（堆肥のつくり方については150ページを参照）

▼雪解けも早くなる

堆肥の効果は、微生物の増殖を促すだけでなく、春先の雪解けも促進する。児島さんの田んぼは周囲より三日以上は雪解けが早いという。それだけ微生物の動きが速いということであり、微生物の働きによって水溶性の有機のチッソや炭水化物の生成も早くて、多いということである。

●秋処理の実際

▼秋に地力にあわせて堆肥を施用

児島さんの秋処理は、収穫後のワラの上から秋堆肥（**中熟堆肥**）と**ミネラル肥料**を施用して、一回耕耘している。

堆肥の施用量は地力のある田んぼでは反当一〜一・五t、地力のない田んぼでは三tを目安にしている。ワラを分解するチッソ分として、米ヌカや発酵鶏ふんをふっている有機栽培農家は多いが、児島さんは自家製の堆肥で対応している。

▼ミネラル肥料は春に施用

ミネラル肥料施用の基本は、収穫後に土壌分析をして、その数値に基づいて行なう。しかし児島さんの場合、秋は忙しいこともあってしていない。その代わりに春、三月から四月にかけて土壌分析を行なって、その数値をもとに秋に施用している。土壌分析と施肥設計の例を表7—1に示す。

▼気になる酸性の雨や雪

児島さんがpHの関連で気になっていることが、空から落ちてくる酸性の強

表7－1 児島さんの

（施肥設計）

	肥料名	成分				
		チッソ	リンサン	カリ	石灰	苦土
アミノ酸肥料	オーガニック853	8	5	3		
	SGR	4	5	2		
ミネラル肥料	ハーモニーシェル	0.2	0.2	0.01	53	
	マグマックス				1	70

（土壌分析）

	施肥前の分析値			施肥後の補正値		
診断項目	測定値	下限値	上限値	耕耘深度		
				10cm	20cm	30cm
比重	1.2					
CEC	5.0	20	30			
EC		0.05	0.3			
pH（水）	6.4	6	7	7.2	6.9	6.7
pH（塩化カリ）	5.7	5	6			
アンモニア態チッソ	1	0.8	9	7	5	3
硝酸態チッソ	0.8	0.8	15	0.8	1	1
可給態リンサン	5	20	60	9	8	6
交換性石灰 CaO	50	56	84	59	56	53
交換性苦土 MgO	5	10	15	23	17	11
交換性カリ K_2O	35	8	14	37	37	36
ホウソ		0.8	3.6	0.1	0.1	0.0
可給態鉄	25.0	10	30	25.3	25.2	25.1
交換性マンガン	10.0	10	30	10.2	10.1	10.1
腐植		3	5			
塩分	0.01					

注）この表は施肥設計ソフトでの分析値を抜粋したもの。

まず，下の表の「施肥前の分析値」の「測定値」の欄へ土壌分析のデータを入力すると，項目ごとの適正な量の範囲が下限値，上限値という数値で出てくる。これをもとに上の表の「ミネラル肥料」の「反当たり施肥量」の欄に適当な数値を入力すると，下の表の「施肥後の補正値」が連動して変化し，この値が下限値と上限値の間の数値になるように設計するのが一般的なやり方になるい雨や雪である。最近、山でおきている「ナラ枯れ」は、そんな酸性の降下物が原因だといわれている。

酸性の雨や雪が降ると、土壌中のミネラルが流れやすくなる、有機物の分解も進まなくなる。しかもチッソの肥効がズレて後半に効いてくるものだから、倒伏しやすくなったり、食味も悪くなってしまいがちなのである。

とくに雪の多い会津で注意すべきなのは酸性の雪である。

冬のあいだ、酸性の雪に覆われた田んぼは、じわじわと溶ける酸性の雪によってpHが下がっていく。実際、秋に石灰資材を投入してpHを六・五に調整した田んぼで、雪解け後の春に再度pHを測ったところ六・二に下がっていた。酸性の雪の影響は予想以上だと児島さんは感じている。

▼石灰は水溶性、ク溶性、両方を使う

そこで児島さんは、秋に施用する石灰は水溶性の石灰だけでなく、ク溶性の石灰も施用しておくことが大切だと考えている。水溶性だと石灰の流亡も考えられるが、ク溶性なら土壌が酸性であると溶け出すので、土壌のpHの低下を抑えるのに都合がよいと思うからだ。

現在、秋の石灰施用は春の土壌分析

児島さんの堆肥つくりの実際

児島さんがつくる堆肥は大きく二つに分けられる。春からつくり始めて秋処理に使う堆肥（ここでは仮に秋堆肥と呼ぶ）と、秋処理のあとの十二月からつくり始めて春に使う堆肥（春堆肥と呼ぶ）の二つである。順につくり方を紹介する。

■ワラなどの有機物の分解を進める「秋堆肥」

秋堆肥はモミガラやカヤなどを使って五月からつくり始める。ときどきおからなどが手に入るので、それらを混合する。

切返しは、温度が上がってから二〜三回行なう。気温が上がってくると、雑菌の増殖も多くなるので、八月は基本的に切返しを行なわず、発酵を進めないようにしている。ときどき入ってくるおからを混ぜる程度に止めている。

九月に入り、気温が低くなったら、粘土資材（ケイ酸分の多いもの）を加え、切返しを行なって、再度発酵を促す。そうして、最後の切返しのときに大豆の煮汁で培養した酵母菌を加え、堆肥を散布するまでの間に十分酵母菌が増殖するようにしている。

このように調製した堆肥を秋にまいて、地力を高め、ワラなどの有機物の分解を進めている。

■有用微生物の数を確保する「春堆肥」

春堆肥は十二月からつくる。春に入れる堆肥なので、完熟させることがポイン結果に応じて、ク溶性の石灰と水溶性の多い石灰の二種類を施用している。

なお、春の土壌分析結果によっては、さらに春に水溶性の石灰資材や、その他のミネラル肥料を施用することもある。

●施肥の考え方と実際

▼堆肥の施用

施肥のしかたは次のとおり。

地力のある田んぼでは、堆肥を一～一・五t施用し、元肥として「アミノ酸肥料」をチッソ成分で六kg、地力のない田んぼでは堆肥を三t施用し、元肥はチッソ成分で七～七・五kgを目安に施用している。元肥は春に施用して耕耘、その後に荒代、植え代とかいて田植えをする。

▼CECによって元肥を変える

元肥は、「オーガニック742」（三要素成分で七―四―二）か「オーガニック853」（三要素成分で八―五

トになる。秋処理でワラなどの分解を進めているのに、未熟有機物の多い堆肥を入れたのではせっかくの効果を損ねてしまうからである。根に害を及ぼす可能性のあるものはできる限り田んぼには入れないことが有機栽培では肝心なのである。

春に施用する堆肥の場合、中熟堆肥より**完熟堆肥**のほうがイネの根を害する危険性は少ないが、その一方で有用微生物の数は少なくなってしまう。そこで児島さんは、有用微生物の数を多くするテクニックを用いている。

「春堆肥」つくりの手順は次のとおりである。

モミガラや牛ふんをたっぷり入れ、同時に粘土資材も初めから投入して、発酵を十分に進める。水分も「汁が出る寸前くらいまで高めて」発酵が止まらないようにしている。気温が低いので、切返しもていねいに行ない、発酵を進める。

そして最後の切返しのときに、糖蜜と粉ミルク、米ヌカを加え、さらにタネ菌として酵母菌を加える。糖蜜で有用微生物を活性化し、粉ミルクでタンパク質を供給する。糖というエネルギーとタンパク質というエサがあって初めて微生物は数を増やしていくことができる。

■酵母菌は最後の切返しのときに加える

初めから酵母菌を加えてしまうと、最後にエサがなくなったり、途中の高温で菌の活性が弱まったりする可能性がある。そこで、切返しの最後、堆肥の品温も落ち着いてきているときに酵母菌とエサを加え、堆肥中にまんべんなく酵母菌を増殖させるわけである。

このようにして最後の切返しのときに酵母菌を添加して、有用微生物の数を多くして田んぼに施用する。春はまだ温度も低く、有用微生物も十分増えてはいない。有用微生物の数を少しでも多くすることが、有機栽培成功の秘訣なのである。

—三）というチッソの多い「アミノ酸肥料」を使用している。元肥はまずはイネのからだをつくり、初期生育をよくするためのものだ。そのためにはからだづくりの要素であるタンパク質の合成に必要なチッソ分の多い肥料を使う。

写真7－5　秋の稔り

児島さんは、CECが高く、地力がある田んぼでは「742」を使って元肥チッソ量を多めにして、追肥は一回とする。CECが低い田んぼでは「853」を使って元肥チッソ量は控えめにして、チッソの追肥を二回としている。

▼追肥にはチッソ成分の低いものを使う

追肥としては「SGR」（三要素成分で四—五—二）というアミノ酸肥料を使用している。追肥はこれから穂づくり、コメつくりに役立つことが重要なので、炭水化物の多い（チッソ分の少ない）肥料を使う。

追肥は基本的には**綿根**の発生を見て施用するが、だいたい出穂の四〇～三五日前頃になる。量は平均してチッソで一・四kg。二回目の追肥は、出穂の一五日前頃で、チッソで〇・六kg程度である。追肥の合計で二kgを目安にして、イネの生育、天候、田んぼの地力などを加味して決めている。

▼苦土や海草肥料の追肥

また、一回目の追肥の一〇日前（出穂五〇～四五日前頃）に苦土の追肥（成分四〇％）を二〇kg程度行なっている。これは夏に向かって盛んに光合成を行なってもらうためには、**葉緑体**の中心物質である苦土をしっかりと施用しておくことが肝心だからである。

また、食味を上げるために、二回目の追肥の後に海草肥料の「アルギンゴールド」（カリ—石灰—苦土が二—二—二）を一〇kgほど施用する田んぼもある。

秋処理を取り入れて産地全体の食味が上がった

山形県置賜地域
ファーマーズ・クラブ赤とんぼ

写真7−6　北澤正樹さん（左）と伊藤幸蔵さん（右）

ファーマーズ・クラブ赤とんぼ（以下、「赤とんぼ」という）は、山形県置賜地域を中心に、およそ八〇戸の農家が参加して有機自然循環農業に取り組んでいる。もともとは機械・施設の共同利用・作業受託を行なう目的でつくられたが、おりしも、計画外流通米制度が始まったこともあって、コメの販売も手がけることになった。

現在は、会員の田んぼ三〇〇haのうちの一五〇ha弱分のコメを販売している。このうち無農薬栽培は八〇～九〇haほどになる。

「赤とんぼ」発足当初の代表・伊藤幸蔵さん（一九六七年生まれ）、現代表の北澤正樹さん（一九七三年生まれ）にお話を伺った。

世代間をつなぐツールとしての有機の理論

●有機認証をとるための技術？

伊藤さんが現在代表を務める㈱米沢郷牧場がある山形県置賜地方は、以前から有機農業に取り組む農家が多い地域として知られてきた。伊藤さんの父の世代が、農薬を使わない技術を試行錯誤しながら積み上げてきた。北澤さんの世代は、そんな有機農業の二代目にあたる。

二〇〇〇年にＪＡＳ法が改正され、有機認証制度が始まる。

「それまで、安心して食べてもらえ、また環境を維持しながらものをつくる技術として積み上げられてきた有機栽培技術が、いつの間にか、有機認証をとるための技術に変わってしまった。あまり技術、技術といわなくなっていた」

伊藤さんは、当時の雰囲気をこう話してくれた。

●若者の自信につながる技術

そんなときに小祝さんの講演を聞く。秋処理や石灰・苦土の大切さなどについて確認することになった。と同時に、ものをつくることをほかから認めてもらうのではなく、いいものをたくさんとるという農家の技術が必要であることに、あらためて気づくことになった。

小祝さんの話は土壌分析データを活用するなど、それまでの有機農業第一世代の技術とは違うものだった。伊藤さんは、「オヤジさんと技術を話すツール」「若手が主体的に取り組んで、自信につながる技術」として小祝さんの有機の理論が役立つと思った。

そうして冬場に、「いまさら聞けない肥料の話」というテーマの勉強会で、小祝さんに話してもらうことにした。各種のミネラルや**アミノ酸**、炭水化物といったことについて、理論として明確に話してくれる人はそうはいない。その点、小祝さんなら適任だったからだ。

写真7－7　「赤とんぼ」オリジナル，有機100％の有機質肥料「エコライス」。成分はチッソ―リンサン―カリが8―5―3

の施肥例（伊藤さん，北澤さん）

株数／坪	除草法	追肥		
38	手押し除草機	－50日頃 エコライス40kg	その後エコライス10～20kgを1～2回	
50	紙マルチ	－45日頃 エコライス15kg	(同上)	
50	紙マルチ	6/15 エコライス 20kg	7/8 マグマックス（苦土） 20kg	7/15 エコライス 10～20kg
50	除草剤	(同上)		

堆肥①…米沢郷牧場の堆肥（ブロイラー鶏ふん＋モミガラ＋牛ふん中心）
堆肥②…酪農家より入手

●データ＋イネを見る目

　サクランボ農家でもある北澤さんは、小祝さんの講演を聞いて印象に残っているのは、「果物畑にこの春、堆肥ふった人はアウトです」といきなりいわれたことだった。小祝さんの有機栽培理論では、果樹の施肥で堆肥は雪の降る前に施用しておくことが基本になる。「常識」とは違うことをいきなりいわれて驚いたと同時に、その理屈も非常にシンプルでなるほどと思えるものだった。

　小祝さんが推奨している、土壌分析を自分で行ない、そのデータをもとに施肥設計を自分で行なうというやり方は、上の世代にはなじみがうすい。若い世代の独壇場といえる。しかし、土壌分析ができてデータが揃ってもイネを見る目がなければ、よい成果は得られない。

　このようなギャップを埋めるために、「赤とんぼ」では、地元の精農家・佐竹政一さんを先生に「佐竹先生のイナ作巡回」を一週間に一回行なってきた。現在でも佐竹さんの教えを思い出しながら、巡回を行なっている。

「科学的なデータ」と「イネを見る目」の融合によって、新しいイナ作技術が積み上げられていくことがねらいなのだ。

施肥の実際

　有機栽培をどのように行なっているか、具体的にみてみよう。表7―2に北澤さん、伊藤さんのイネつくりをまとめてみた。

●ミネラルもチッソも十分施用して強い育ち……北澤さん

　北澤さんは、田んぼ九haのうち、紙マルチ田植えを三〜四ha、残りの田んぼでは除草剤を一回使用したイネつく

表7－2　ファーマーズ・クラブ赤とんぼ

	様式	面積	秋処理	元肥	田植え
伊藤さん	ポット成苗	2ha	エコライス（＊1）40kg 堆肥② 1.5m³	0	5/18 〜 6/3 頃
	紙マルチ	8ha	(同上)	エコライス 30kg	
北澤さん	紙マルチ	3ha	堆肥② 1t	石灰・苦土（＊2） 堆肥① 750kg エコライス 20 〜 40kg	5/17 〜 5/29 頃
	除草剤 1 回	6ha	堆肥②か，米の精 30kg	(同上)	

注）＊1　エコライスは肥料名，有機 100%，成分 8―5―3
　　＊2　石灰・苦土の施用は土壌分析データに基づいて行なっている

りをしている。

▼**土の浅い田んぼで初期生育をよくする**

北澤さんのイネつくりは、小祝さん推奨の元肥チッソを多めに施用して、初期から太い分けつをとっていく方式である。

写真7－8　紙マルチ田植機による田植え
黒い紙マルチによって田面をおおい，草の発生を抑える

紙マルチ田植えの田んぼでは、春に土壌分析をして、そのデータをもとに石灰と苦土を施用、さらに米沢郷牧場の堆肥を七五〇kg、「エコライス」（「赤とんぼ」のオリジナル有機肥料、成分は八—五—三）を二〇〜四〇kg施用している。北澤さんの田んぼは土が浅く、収量も上がりにくので、春にも堆肥を投入しているのだ。

「エコライス」のチッソ分は一・六〜三・二kgとそれほど多くはないが、チッソ分二・四％の堆肥が入るので、初期生育に効いてくるチッソ量は多い。それにバランスするように石灰と苦土を入れていくわけである。

▼**苦土もしっかり追肥**

穂肥は、出穂四五日前に当たる六月十五日をめどに「エコライス」を二〇kgふりたいと考えている。十五日をめどにしているのは、あとにサクランボの収穫を控えており、その前に一回目の追肥を終わらせたいからである。

サクランボの収穫後、七月十五日頃に二回目の穂肥を「エコライス」で一〇〜二〇kg程度ふる。苦土（「マグマックス」二〇kg）の追肥は、二回目の穂肥の一週間ほど前に行なうようにし

写真7－9　北澤さんの中期のイネ姿
秋処理になって本田でのガスわきが減った

ている。

●への字型の生育がモノサシ……伊藤さんのイネつくり

伊藤さんはポット成苗によるイネつくりを約二ha、残り約八haで中苗を紙マルチ田植機で植えている。

▼親茎を太らせてから茎数を確保

伊藤さんの基本的なイネの見方は、「への字型」といっていい。茎数を多くするより、初期は分けつを抑えて、じっくりと親茎を太らせ、六月下旬の追肥で茎数を一気に確保するというやり方である。

小祝さんのいう、ミネラル肥料を十分施用して、アミノ酸肥料をチッソで七～八kg施肥、初期生育をよくして茎数を確保するという方法は、どうもなじめない。

写真7－10　北澤さんのひとめぼれの稔り
（2007年，実験圃場）

▼ポット苗では元肥ゼロスタート

そんなへの字型のイネつくりの典型が、ポット成苗によるイネつくりである。表を見れば一目瞭然、元肥ゼロ出発のイネつくりである。

最初の追肥は出穂五〇日前頃に「エコライス」四〇kg、チッソで約三kgほど。ここから出穂期にかけてムラ直しなどを行ないながら一～二回の追肥（「エコライス」を一回当たり一〇～二〇kg程度）を行なっている。

ポット成苗では田植えは専用のポット田植機を使うから、紙マルチによる雑草対策はできない。「苗の姿がいいので、一度見てしまうと、全部を紙マルチにはできない」と伊藤さん。

除草機の入る方向を、タテ→ヨコ→タテと毎回変えて、二～三回は押すことになる。坪三八株植え、ウネ間三三cm×株間約二八cm。この程度の株間であれば、除草機を押すのに支障はない。

また、疎植のほうが、通風採光がよいので、病虫害にも強いというメリットがある。ただし、手押しで手間がかかるため、広い面積はできない。

秋処理と食味向上の効果

●めざす生育は違っても秋処理は欠かせない

▼技術のモノサシ

伊藤さん、北澤さんの施肥は、同じ有機栽培といってもイメージするイネ

写真7－11　堆肥の散布

秋処理に堆肥を施用することでワラの分解がより進む。伊藤さんの話では堆肥の価格を安くしたらたくさん使ってくれるようになったとか

の生育や施肥に違いが見られる。

石灰や苦土を施用していない伊藤さんも、ミネラルの重要性については理解している。しかし、外国から輸入されている苦土などの資材を使うことについては、違和感がある。そんなこともあって、伊藤さんは「(ミネラルの施用を勧めている小祝さんの)あまりいい生徒じゃない」というわけである。

しかし、ミネラルが重要であることには異存がないので、伊藤さんは米沢郷牧場で製造する堆肥のつくり方に工夫を加えて、ミネラルの問題を解決したい、と考えている。

資材の使い方では違う手法をとってはいても、秋処理やミネラルの重要性など、小祝理論から学ぶべきものは多い。「自分で技術のモノサシをもっていないと、資材や技術が有用かどうかもわからない」。そんなモノサシとして小祝さんの理論を活用したいし、若い生産者には聞いてもらいたいと考えている。

▼気になっていた田んぼのわき

伊藤さんや北澤さんが、小祝さんから学んだもっとも重要なポイントは、「秋処理の重要性」ということである。

田植え後、六月に入って気温・地温が上がってくると田んぼがわく。春に堆肥を入れて耕耘してきたのだが、未分解の有機物が田んぼの中で分解して、そのときにガスが出る。それがイネの生育を阻害しているのではないか……？

そんな懸念に対する答えが秋処理だったのだ。

●浮きワラが減り、田んぼのわきも少なくなった

たとえば北澤さんの場合は、サクランボの作業があるので、秋処理は堆肥の散布と耕耘だけ。本来なら秋に施用したい石灰や苦土は春に、土壌分析をした結果に基づいて「できるだけ早い時期に」施用している。

このように秋処理を続けたところ、たしかに春の田んぼの様子が変わってきた。

まず、代かき後の浮きワラの量が目に見えて少なくなった。そして田んぼ

のわきも明らかに減った。雪解けの頃に田んぼに入ると、足跡にぶくぶくと泡が出るようになってきた。ドブ臭いにおいもしないので、「秋処理から五ヵ月くらいのあいだに田んぼの中でワラの発酵が進んでいる、発酵が速くなっていることが実感できる」と北澤さんはいう。

写真7－12　米沢郷牧場の堆肥センター

ブロイラー鶏ふんとモミガラ，牛ふんなどが原料。成分はチッソ2.4，リンサン5.8，カリ5.1

向う側の水槽に60℃の湯をはり，手前の水槽には冷水に雪を入れておく

温湯処理を待つタネモミ。比重選1.15～1.17という，きつい条件をクリアした充実したタネモミを使う

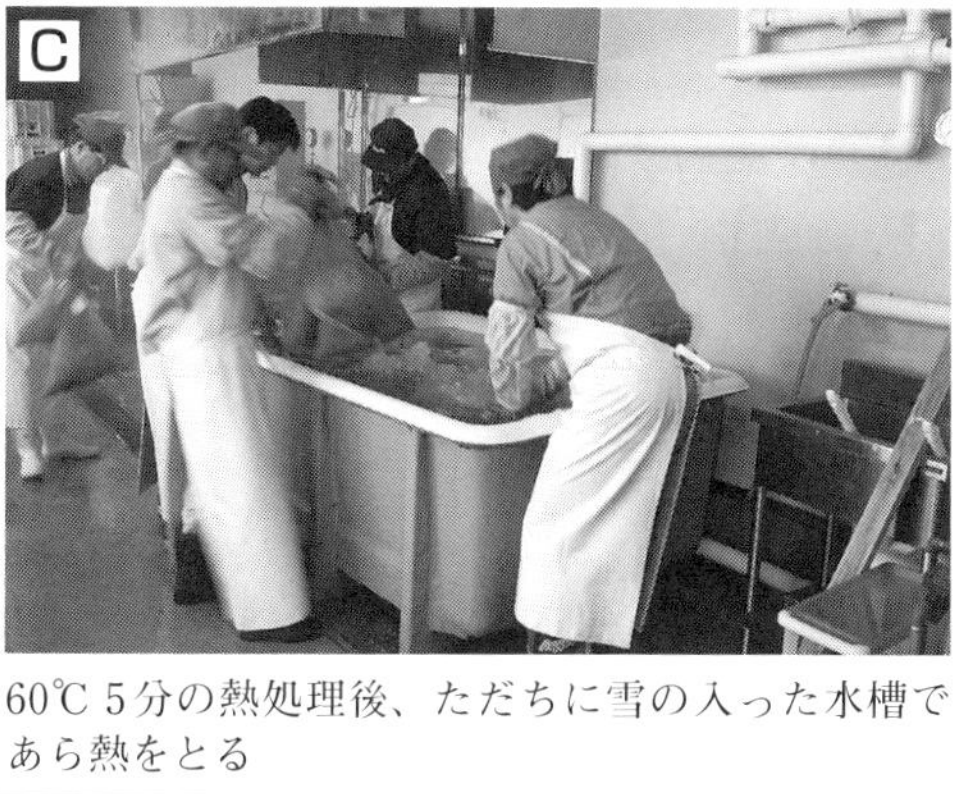

60℃ 5分の熱処理後、ただちに雪の入った水槽であら熱をとる

写真7－13　タネモミの温湯処理

●食味はケットで平均八〇を超えた

秋処理を取り入れた成果は、とくに米の食味向上に結びついているようだ。二〇〇六年に「赤とんぼ」のコメは食味コンクールで金賞を受賞している。以前はケットの食味計で、七六、七七、よくて七八という数値だった。それが「赤とんぼ」の平均で八〇・四、最高は八四だった。コンクール用に田んぼ一枚を特別の栽培方法でつくる、ということではなく、毎年やっているイネつくりそのままのコメで八〇を超えたのである。

北澤さんも以前は七六だった数値が、八三になっている。ケットの食味計で八〇を超えることは非常にむずかしい。コンクールでも名だたる産地のコメが八〇を切っている。それが「赤とんぼ」のコメは平均で八〇を超えているのである。「平均八〇を超えている産地はないと思う」と伊藤さん。

このような食味アップにつながった要因として伊藤さんは、きちんと秋処理ができるようになったこと、堆肥をよく使うようになったこと、という二点を上げている。

＊＊＊＊

このように、秋処理をきちんと位置づけることで、食味の向上に大きな成果をあげることができた。逆に考えると、それだけ未分解のワラの弊害が当たり前のようにおきていた、ということである。とくに有機栽培では有機物を使う機会が多い。未分解の有機物の分解を、イネの根を害しないように進めることが、有機栽培成功の基本なのだということを、ファーマーズクラブ赤とんぼの実践は教えてくれている。

床土の調製と立枯れ対策

北澤さんは、育苗培土として、焼土一tに「エコライス」八―五―三を二〇kg混和したものを使っている。混和撹拌は「赤とんぼ」がもっている機械で行なう。混和した培土は肥料袋に詰めて七～一〇日ほどなじませる。それから苗箱に詰めて、播種という流れになる。

以前、育苗中に立枯れが出たこともあった。そのとき混和している肥料は「エコライス」ではなく、別の肥料を使っていた。ところがpHが八と高く、これが立枯れの原因と考えられた。

その後、肥料に「エコライス」を使うようになり、土のpHを安定させようということで、育苗管理のときに木酢三〇〇倍液を二～三日に一度かん水するようにした。それからはカビが出ることはなくなったという。

根を阻害しない土、大胆な疎植、遅植えで見えてきた、食味のよいコメの多収栽培

茨城県筑西市
農事生産組合 野菜村

茨城県筑西市の農事生産法人野菜村は、野菜や米の有機栽培に取り組んでいる農家の集まりである。

有機栽培のイネつくりでは、コメの取扱業者から「もうもってこなくていい」とまでいわれたコメを、「どこに出しても恥ずかしくない食味」にまで改善することに成功している。

写真7－14 日向昭典さん（左）と川澄文隆さん（右）

日向昭典さん（日向農機代表、一九六三年生まれ）と川澄文隆さん（一九六三年生まれ）にお話を伺った。

有機栽培に確信をもつ

●石灰や苦土は作物に必要な養分だった

日向さん、川澄さんがイネの有機栽培を勧めている小祝さんに出会ったのは、七年ほど前のことだった。その年、有機・低農薬野菜などを会員向けに販売していた㈱らでぃっしゅぼーやの主催によるスイカつくりの反省会が奈良であったので、出かけていった。そのときの講師を小祝さんが務めていた。

とくに印象に残っているのが、石灰や苦土の使い方。それまで石灰といえば、pHを上げるための土改材の位置づけにすぎなかった。それが作物にとって必要な養分で、どのように関与しているかということがわかった。苦土についても同様で、光合成の仕組みについては学校で習っていたが、ではその苦土をどう使っていけばいいかということは理解していなかった。

石灰や苦土は土改材ということを超えて、作物にとって必要不可欠な養分であることがわかった。

●硫マグを使って大失敗

その後、有機栽培について勉強をしながら、試行錯誤を繰り返して、いま

に至っている。しかし、ここまで順調に来たわけではない。

奈良で話を聞いた翌年、「キーゼライト」という苦土資材を田んぼに使ったところ、田んぼがわいてわいて、どうしようもなかった。「根は焼けるし、**硫化水素**もバンバンわいて、散々だった」と川澄さん。

写真7－15　有機栽培のイネの太い分けつ

苦土を田んぼに施用しようと考えたのだが、苦土資材の選び方・使い方が間違っていた。使用した「キーゼライト」は、主成分が硫酸マグネシウム、いわゆる硫マグで、成分にイオウを含んでいる。畑では問題なく使える資材だが、水の多い、嫌気的な環境である田んぼでは、このイオウが硫化水素の原料になってしまう。

イネの有機栽培に硫化水素は大敵ということは知っていても、使う資材の特徴をしっかりつかんでいなかったための失敗だった。

●苦土追肥の提案

しかし、「キーゼライトで一回しくじったことで、有機栽培のイネつくりに真剣になった」という。

秋に石灰・苦土をふり、耕耘も行なってワラの分解を促した。おかげで翌年のイネの生育はよかった。

ちょうど六月半ばに、近くで小祝さんを招いてイネの現地検討会が開かれた。そのときにもっていったイナ株は、根っこも白く、よい状態だった。

そのとき、小祝さんから「苦土を追肥するともっとよくなる」という話を聞いた。そして、「もってきている苦土資材があるから、使ってみたら」という提案があった。

●大きな自信になった「コシで一二俵半」

六月半ばに苦土をふる!?

苦土を追肥で使うなんて話は聞いたこともなかった。しかし、効果を試す絶好の機会でもある。

川澄さんは、検討会が開かれた日の前日に水田カルチをかけていた。しかしイネが大きくなってしまってからでは田んぼに入れなくなる。そこで検討会のあった翌日、施肥機のついた水田カルチを田んぼに乗り入れて、苦土を追肥したのだった。

その田んぼのイネはすばらしい生育を見せた。葉幅が広く、分けつも太い。葉色も緑が深い。結果はコシヒカリで一二俵半、五石どりを達成することができた。苦土の追肥でイネが大変身をした、そんな感じの生育だった。

このときの取組みが、「いまの有機栽培で方向性に間違いはない」という、大きな自信になった。

写真7－16　分けつの揃いのよいイナ株

根を阻害するものをなくす

●pH六・五にしたらワラ分解がグッと進むようになった

苦土や石灰の施用は田んぼの土にあわせて行なうことが大切だ。

以前も堆肥や石灰による秋処理はしてきたものの、pHに具体的な数値目標を設定して施用量を変えるようなことはしなかった。しかし、ここ数年、土壌分析に基づいて田んぼごとにミネラル肥料の施用量を加減して、pHを六・五に調整するようにしているが、それ以降ワラなどの有機物の分解がグッと進むようになったと感じている。

田植えのときにほとんどワラが見えないし、何より本田でのガスの発生が少ないのである。

●水田カルチをかけていてもドブ臭くない

本田での除草に水田カルチを利用すれば、ガス発生の多くなる六月に田んぼに入らざるを得ない。ガスの発生がどんなにすごいか、田んぼの中に入ったことがなければわからない。

「以前はガスマスクを着けないと作業できないほどだった」「水田カルチをかけるときは、風のある日に、かならず風下から風上にかけて作業した」という。風上に向かって作業すれば、発生したガスの中を進まなくて済むというわけである。

そのドブ臭いにおいがここ二年くら

い、水田カルチをかけているときもしなくなった。「土壌分析＋pH六・五」という手立てが功を奏して、田んぼの中に蓄積され続けてきた未分解のワラなどの分解が進んできた証拠だと見ている。

●根を阻害するもののないすごさ

　秋処理によってワラやイナ株の分解が進み、イネを害するような分解物の少ない田んぼになってきた。しかも、水田カルチによる除草で、田んぼに発生したガスも抜かれ、新鮮な空気（酸素）が入る。

　根の伸びを妨げる何ものもない田んぼで、イネは根を縦横に伸ばすことができる。秋処理をした田んぼで育つイネの根は、長さや量、白さが、ほかのイネと格段に違ってくる。

　そのような根をもったイネだから、施肥されたアミノ酸肥料やミネラル肥料、そして水溶性の炭水化物などを十分吸収して、葉の幅の広い、色合いの濃い、太い分けつを出し、収量も上がり、食味もよくなるのである。

　日向さん、川澄さんは、そんな有機栽培のイネを見て、「イネの根を阻害するもののないすごさ」を実感するという。

秋処理の方法

●ワラをもち出した田んぼの場合

　日向さんは野菜が主体なので、ワラは全量もち出して、野菜つくりに活用している。そのため、秋処理ではもち出したワラの分を、ワラとは違う資材で田んぼに返している。

　その内訳は、もち出したワラの炭素分として堆肥が三〇〇kg、イナワラのケイ酸分として粘土鉱物が一〇〇kg（成分）になる。

　これらのほかに石灰や苦土などのミネラル肥料を土壌分析をもとに補い、pHが六・五になるように施用している（施肥設計ソフト活用）。

　秋にこれらを施用したら、春までに二回程度耕耘している。スピードや耕耘深度は通常と変わらない。

　なお、元肥など田植えから効くチッソをおよそ八・五kgと見て、チッソ分は施肥している。基本的にチッソの追肥はしていない。

●ワラ全量を返した田んぼの場合

　川澄さんはイナ作主体の経営で、ワラはそのまま「田んぼの財産として使っている」。日向さん同様、土壌分析をして石灰や苦土などのミネラル分を補い、pHで六・五になるように施肥している。その他に自家製のバーク堆肥を六〇〇kg〜一t施用している。チッソの全量は一二kgをベースにしている。

　耕耘は春までに四〜五回行なってい

る。走行に近いスピードで、「サクサク行っちゃう」という。初めは田んぼ表面のワラに土をまぶすような感じで、「きっちり耕耘はしない」。こんなやり方でも、四〜五回も続ければ、徐々に耕深が深くなっていく。有機物の分解も進むせいだろう、耕深が深くなっても、最初のときと同じスピードで耕耘することができるという。川澄さんは、最終的に二〇〜二五cmの耕深があればよいと考えている。

水田カルチの多彩な効用

川澄さんは腰を傷めていることもあって、除草には水田カルチという乗用の除草機を使っている。

この水田カルチ、除草だけでなく、さまざまな効用をもっていて、いまでは川澄さんの有機栽培になくてはならない機械になっている。

●改良を重ねて株間の除草も可能に

初めに使った除草機は、自走式のもの。川澄さんの納屋にあったものを引っ張り出して使っていた。その後、一〇町歩を歩くのはたいへん、ということから、メーカーの乗用のものを導入した。

しかしメーカーのものは除草専用機で、除草にしか使えない。そこで、米ヌカ除草を試したこともあったので、「肥料ふり」をつけてみようということになった。

こうして既存のメーカー製除草機に施肥機が載った、いまの水田カルチができあがった。この水田カルチも改良を重ね、いまではウネ間だけでなく、株間にある雑草も除草することができるようになった。川澄さんが要望を出し、その要望に添って機械を改良してきたのが日向さんの経営する日向農機である。

●八葉期までに除草

▼じかに乗り入れても大きく減収することはない

水田カルチによる除草は、イネが育っている田んぼにじかに乗り入れて行なう。田んぼの中で方向を変えるときは、四つの車輪でイナ株を押し倒すことになる。倒れたイネはダメージを受

写真7－17　施肥機を取り付けた乗用の除草機

けるものもあるが、何ごともなかったかのようにおき上がってくるものもある。周囲のイナ株が大きくなってくるにともなって、田んぼ全体としてみればあまり気にならなくなる。また、水田カルチのために大きく減収することもない。

▼八葉期までに終了する理由

水田カルチは六月に入ってから二~三回かける。除草を行なう時期は、七葉期前後が基本で、八葉期までには終わるようにしている。

八葉期までにしている理由は二つある。

一つは、九葉期になると株も大きくなり、水田カルチが入れなくなる。もう一つは、除草のタイミングが遅れると、九葉期以降に出てくる登熟期を支える綿根を切って、減収を招いてしまうからである。

●同時に苦土を追肥する

そして、水田カルチをかけるときに苦土の追肥をする。水田カルチに載せた施肥機に苦土資材(「マグマックス」、「水酸化苦土」)を反当二〇kg入れて、除草と同時に施肥する。

葉緑素の中核ミネラルである苦土を施肥することで、光合成の働きを高めることができる。

●ガス抜きになる

さらに水田カルチの三つめの効果として、先ほども述べたように、土中のガスと酸素が交換されることがある。

すでに三年ほど前からドブ臭いにおいはなくなっていたが、それでも土中の有機物の分解などにともなってガスが発生する。そんなガスが、水田カルチをかけることによって大気中に追い出され、代わりに酸素が入る。酸素を得て、根まわりの有用微生物が活性化し、さまざまな有用物質をつくりだす。イネは、それらを根から吸収して、生育することができる。

●倍くらいの根が張る

四つめの効果として、水田カルチによって切られた根が活性化するのか、カルチをかける前の倍くらいの量の根が張ってくる。日向さんは、根を切ることで植物ホルモンのエチレンが出て、根の再生力が高まるのではないかという。

それまでに出ていた根に代わって新しい根がたくさん出るので、養水分の吸収力が高まる。

水田カルチを入れたあとは、ほかのさまざまな効用とあいまって、イネの生長は力強くなる。たくさんの新根が発生し、葉幅も広くなり、分けつも充実する。こうしてイネは穂づくりに向かう態勢を整えることになる。

●水管理がラクになる

さらに、水田カルチの車輪が田んぼ

に溝を切ってくれる。車輪のわだちが溝と同じ役目を担い、水のかけひきに大いに役立つ。

川澄さんは、水田カルチをかけたあと、ちょうど幼穂形成期頃になるが、追肥的な効果を期待して、いったん水を落として肥料濃度を上げる。このようにすると、下降気味だった葉色も回復してくる。川澄さんは、この水のかけひきによって追肥的な効果を引き出しているのである。

その後は間断かん水に切り替えていくが、水田カルチで軽い溝が切ってあるために、入水・落水のときの水のかけ引きがすばやくできる。

とくに、暑い時期、冷たい水に入れ替えたいときなど、水の交換がすばやくでき、イネの消耗を抑えることにつながる。

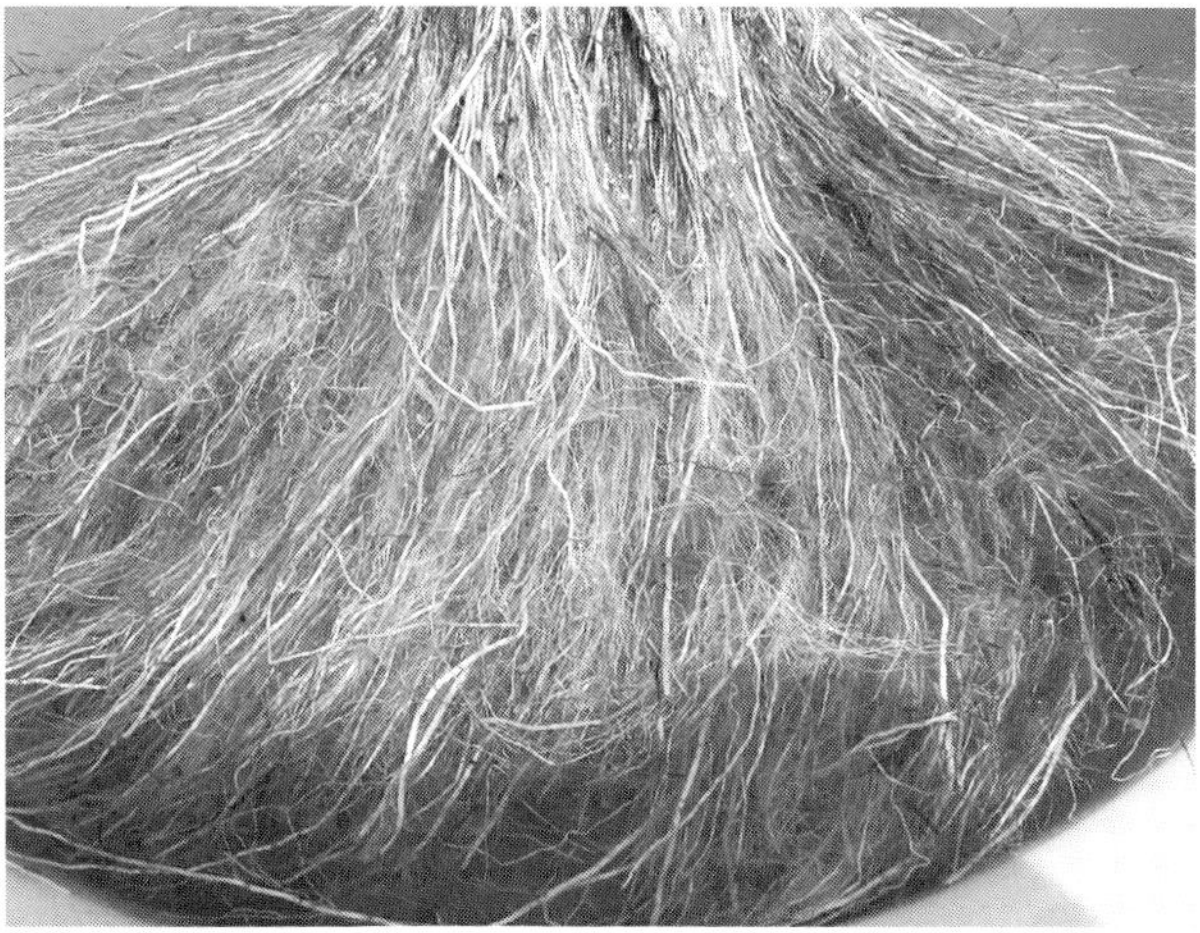

写真7－18　根を妨げるものがないとイネの根は大きく変身する

食味の向上

●「来年はもってこなくていい」といわれたコメ

日向さんや川澄さんにとって、大きな課題はコメの食味向上だった。というのも、地域のコメは業界ランクでDとかEといった最低ランクに位置づけられており、二〇〇七年のJA仮渡金が七〇〇〇円という超低米価地帯だからだ。

野菜村でも一〇年ほど前から、コメの取引業者とつきあいを始めたが、食味鑑定士でもある業者からは、当初は散々な評価だった。それこそ「もう来年はもってこなくていい」とまでいわれた。

田んぼの土も土壌分析してみると、CECが五とか七といったありさま。これでは肥持ちが悪いから秋落ちもするし、稔りも悪くなる。ミネラルを施用しても土に保持する力もないので、食味を上げることもむずかしい。

●どこに出しても恥ずかしくないコメ

そこで、土壌分析やワラ・イナ株の分解の促進、ミネラル肥料や堆肥を施

土壌分析と施肥設計（例）

（%）					反当たり施肥量（kg）		
苦土	ホウ素	マンガン	鉄	ケイ酸	元肥	追肥1	追肥2
0.2					300		
0.6					500		
1.2			2.0		20		
65.0	0.3				40		
15.5	0.1	5.0	18.0	34.0	60		

用し、アミノ酸肥料といった資材を入れながら、何年も改良を重ねてきた。

食味の変化はまず家族が気づくという。川澄さんの家では、ここ二〜三年、「他ではご飯が食べられない」というくらい、コメがおいしくなってきたという。

前に、ウナギが好きな娘さんとずいぶん遠くまで車を飛ばして食べに行ったこともあった。その娘さんが、「お父さん、ウナギはおいしいけど、ご飯がおいしくない」といって、ご飯を残してしまった。「おにぎりをもってくればよかったね」と後悔したというのである。

そんなコメは業者からも評価されるようになり、いまでは「どこに出しても恥ずかしくないコメ」といわれるまでになった。

昔の知恵をヒントに技術を組み立てる

●イネの力を引き出す知恵

日向さんや川澄さんのイネつくりは、昔、培われてきた技術を有機の技術として組み入れていくことが大きなテーマになっている。そのことが、イネの潜在能力を引き出すことにつながると考えているからだ。

昔のイネつくりは、いまのように化成肥料や農薬が前提ではなかった。そこにはイネの力を引き出す知恵が欠かせなかったはずだ。そのような知恵をいまの技術に組み入れていくことができれば、よりおいしいコメをたくさん収穫することにつながるのではないかと考え、実践してきている。

たとえば、

①バケツにイネを植えると、一株から

表7−3 川澄さんの

（施肥設計）

	肥料名	成分			
		チッソ	リンサン	カリ	石灰
アミノ酸肥料	有機ミネラルペレット	2.5	1.8	1.0	6.0
堆肥	川澄堆肥	1.7	1.0	2.8	1.0
ミネラル肥料	グアノーA		51.6		42.0
	マグマックス				1.0
	ブロートF				29.0

（土壌分析）

診断項目	施肥前の分析値			施肥後の補正値		
	測定値	下限値	上限値	耕耘深度		
				10cm	20cm	30cm
比重						
CEC	13.8	20	30			
EC	0.2	0.05	0.3			
pH（水）	6.2	6	6.7	6.9	6.7	6.4
pH（塩化カリ）	5.7	5	5.7			
アンモニア態チッソ	0.5	0.8	5	11.3	7.7	4.1
硝酸態チッソ	0.9	0.8	5	0.9	0.9	0.9
可給態リンサン	30	20	60	47	42	36
交換性石灰 CaO	190	155	248	231	217	204
交換性苦土 MgO	15	27.8	44.5	48	37	26
交換性カリ K_2O	22	23.4	32.8	36	31	27
ホウ素		0.8	3	2.5	2.0	1.5
可給態鉄	2	7	15	95.3	64.2	33.1
交換性マンガン	5	6	18	30.0	21.7	13.3
腐植		3	5			
塩分	0.005					

注）この表は施肥設計ソフトでの分析値を抜粋したもの。

まず，下の表の「施肥前の分析値」の「測定値」の欄へ土壌分析のデータを入力すると，項目ごとの適正な量の範囲が下限値，上限値という数値で出てくる。これをもとに上の表の「ミネラル肥料」の「反当たり施肥量」の欄に適当な数値を入力すると，下の表の「施肥後の補正値」が連動して変化し，この値が下限値と上限値の間の数値になるように設計するのが一般的なやり方になる。

写真7－19　これが2・5（にご）抜き田植え

6条田植機の2条め，5条めの苗を植えないようにして田植えする

一〇〇本以上もの分けつが発生する

②この地域に比べて東北のコメの収量は、一～二俵多い

③山根（山間）のコメはおいしい

ということがよくいわれるが、これらを有機栽培の実際の技術として組み込んでいるのである。順に説明しよう。

●環境をよくして分けつ力を引き出す

▼バケツに植えたイネ

①のバケツイネの話は、イネの潜在的な分けつ力を示している。環境がよければ、イネは多くの分けつを出し、穂をつけ、稔らせることができる。

このような条件をイネに与える方法の一つが疎植である。坪五〇株一～三本植えにすることで、イネに光や風を十分に与えることができる。

▼増収を図りながら食味を上げる

疎植を取り入れることで、川澄さんは一〇町歩で平均一〇俵の収量を上げることができた。地域に比べて一～二俵多い収量である。ただ、この方法では一〇俵が限界かと感じていた。

しかし、コメの単価が下がっている現実を前にすると、増収を図りながら食味を上げていく手立てが必要だ。一俵の価格が一〇〇〇円安くなれば、川澄さんのように一〇町歩の経営であれば、反収一〇俵として一〇〇万円の収入減になってしまうからだ。

▼「二・五抜き」で登熟がよくなる

反収一〇俵という限界を突破する手立てのひとつが「二・五（にご）抜き」と呼んでいる田植えの工夫である。六条田植え機の二条めと五条めの苗を植えない方法だから、「二・五抜き」である。

この植え方だと、坪当たり約三六株となり、手植え時代の尺角植えとほぼ同じ栽植密度になる。しかし、イネにとっての環境は尺角植え以上かもしれない。

何といっても、植えられた二条ごとの苗（株）の左右どちらか一方には六〇cmという空間がある。このゆとりが、とくに登熟期に力を発揮する。

根の伸びていくスペースが大きいから、根の競合も少なく、活力を長く保つことができる。養水分の吸収をイネ刈りまで持続することができる。

また、地上部では風通しがよく、光も株元まで入るので、光合成をイネ刈りまで十分行なうことができる。

このことが、最後の稔りを後押ししてくれて、**千粒重**の大きな、食味のよい、プリプリのコメの収穫につながっている。

▼一一俵の収量、全面積に拡大

この二・五抜き田植え、一部の田んぼで試した成果は上々で、二〇〇七年は反収一一俵と一〇俵を超える成果をあげることができた。

そこで二〇〇八年、川澄さんは一〇町歩全面積でこの二・五抜き田植えを行なっている。この方法は、植える苗数が三分の一減るので、それに連動して、タネモミの量、培土の量、苗箱の数、苗場の面積も減ることになる。苗運びなどの作業もラクになって、奥さんが一番喜んでいるという。

七月現在、生育は通常に田植えしたイネよりも順調に推移している。

●遅植えで登熟をよくする

▼登熟期間の夜温を低くする

②東北のコメの収量、③山根のコメはおいしい、という二項目は登熟に関係している。東北や山根のイネは登熟がよい。東北では登熟期間の昼夜の温度格差が大きく、これが実入りをよくしている。山根の田んぼでも同様である。

それに対して、野菜村がある地域は田植え時期が四月末から五月半ば、出穂は七月末から八月五日頃にかけてになる。つまり登熟期間が八月上旬から始まる。熱帯夜が多く、イネは消耗してしまう。これでは、実入りの悪い、細いコメ粒にしかならない。食味がよくないのも当然ではないか。

▼田植えをずらす

そこで、川澄さんたちは、登熟期間と高夜温の時期とができるだけ重ならないように出穂期をずらすことを考えた。つまり、田植え時期を遅らせることで、登熟期間のイネの消耗を抑え、稔りのよいイネつくりをめざそうというわけである。これまでの試験では、六月十日までに田植えすれば大丈夫というデータを得ている。

ちなみに二〇〇八年のイネつくりでは、日向さんは五月二十日、川澄さんは五月十八日から六月三日にかけて田植えを行なっている。地域の田植えと比べると、実に半月から一ヵ月遅い。

苗つくりも遅くなるので、「今年は減反か」と物議をかもしたようだが、このように田植え時期を遅らせることで、出穂を八月のお盆過ぎにずらし、少しでも涼しい時期に登熟を進めたいというねらいである。

▼コメ粒が大きく、プリプリのコメ

田植え時期を遅らせることの成果は、コメの粒張りのよさに現われている。

遅植えのイネは、コメ粒が大きくプリプリしている。玄米を見ると、同じ地域のコシヒカリとは違う品種と思うほどである。

田植えが遅くなることで、イネの消耗が少なくなり、コメ粒にしっかりと炭水化物（デンプン）が詰め込まれる。ミネラル肥料の施用の効果もあって食味が向上し、「どこに出しても恥ずかしくないコメ」になったのである。

▼苗から太くして台風に備える

もちろん、登熟期間を後ろにずらすということはリスクもある。台風シーズンにあたるのである。しかし、台風に負けないイネ、太くて倒れにくいイネをつくればよいと考え、川澄さんたちは、播種量を少なくして、太いガッチリした健苗をつくる。その健苗を疎植で田植えして（二・五抜き田植え）、葉幅の広い太い分けつを揃える……という筋道でイネつくりを組み立てている。

川澄さんの場合、播種量は芽出しモミで九〇g、三・五葉の健苗を坪三六株の二・五抜き田植えで、平均二・五本植えで出発している。

ミネラルが十分に施用されているので、元肥のアミノ酸肥料を吸収、同化して分けつを太く、しかも無駄なく確保している。太い分けつを揃えることは、倒れにくいイネの前提なのである。

＊＊＊＊

野菜村の有機栽培のイネつくりは、いま、大きな転換点を迎えている。

根を阻害するもののない土、通風採光と根のゆとりをダイナミックに取り入れた二・五抜き田植え、それに登熟をよくするための遅植え。

これからの有機栽培の基本的な方向が見えてきた。今後は、これらの三つのポイントをさらに補強しながら、食味のよいコメを多収する技術をつくりあげていくことが目標である。

付録　用語集

◆本書で使用している用語（各章初出が**太字**）の中には、一般では使われていないものや、使われていても意味が異なるものもあるので、簡単に紹介しておく。

あ 行

秋処理　収穫後のイナワラの分解を進める、あるいは本田での雑草抑制のために行なう耕耘などの一連の作業をいう。とくにイナワラの分解を進めるのは、有機栽培ではもっとも重要なポイントで、未分解の有機物が田んぼの中で腐敗分解しないような手立てを講じておかなければならない。イナワラの分解を進めるポイントは、石灰・苦土、チッソを施用する、pHを六・五にする、地温が高いうちに耕耘する、などである。

アミノ酸　タンパク質を構成する有機物で、分子の構造中にアミノ基（$-NH_2$）とカルボキシル基（-COOH）をもつ。生物がつくるアミノ酸は二〇種類あり、この二〇種類のアミノ酸だけで生物のタンパク質はつくられている。

アミノ酸は有機物（タンパク質）が分解する過程でもつくられて、アミノ酸肥料や堆肥中にも存在する。

植物は吸収した無機のチッソに光合成でつくられた炭水化物を組み合わせてアミノ酸をつくり、さらにそのアミノ酸を組み合わせてタンパク質をつくり、さらに細胞やいろいろな器官をつくるとされてきた。

しかし現在では、無機のチッソだけでなくアミノ酸などの有機のチッソも吸収利用されることが明らかになっている。

植物がチッソを吸収して、アミノ酸やタンパク質をつくっていく場面を考えると、アミノ酸を直接吸収利用する有機栽培は、無機のチッソから組みかえてアミノ酸をつくって利用している化成栽培より、効率がよい。このことが有機栽培のメリットのもっとも基本的なものである。

なお本書では、有機物の分解過程で生じる大小のタンパク質やその分解物をはじめとするさまざまな水溶性の有機態チッソを総称してアミノ酸と呼ぶことが多い。

アミノ酸肥料（発酵型、抽出型）　本書でいう「アミノ酸肥料」とは、有機物をアミノ酸ができるくらいまで十分に発酵させてつくった発酵肥料・ボカシ肥や、食品工場の副産物などを加熱・圧搾してアミノ酸を取り出した有機のチッソ肥料のことをいう。前者を発酵型アミノ酸肥料、後者を抽出型アミノ酸肥料と呼ぶ。アミノ酸肥料には、アミノ酸だけでなく、有機物が分解して生じるさまざまな有機物が含まれている。

発酵型アミノ酸肥料には、発酵に関連した有用微生物と、発酵過程でつくられる有機態チッソのほかに、ビタミンやホルモン様物質、病原菌を抑える抗生物質などが含まれていることがある。なお、有機物にカビが生じて甘いにおいのする状態のものを有機のチッソ肥料として施用している農家も多いが、この段階ではまだアミノ酸の生成量も少ないので、本書ではアミノ酸肥料とは呼ばない。

抽出型アミノ酸肥料は、基本的に無菌の状態で製品化されている。微生物はもちろん、微生物由来の発酵生成物は含まれていないが、有機物が分解してできるさまざまな物質を含む。

温湯処理　タネモミに付着している病原菌を除去するために行なう農薬を使わない種子消毒の方法のひとつで、熱湯にタネモミを漬けて、熱による殺菌を行なう方法。種子消毒用の農薬が普及する前に行なわれていたもので、無農薬の方法ということで現代に復活した技術のひとつ。基本的には、六〇℃の熱湯に一〇分間タネモミを漬けて、ただちに、冷水に漬けてあら熱をとるという方法が多く行なわれている。

か行

化成栽培　⇓　有機栽培・化成栽培

完熟堆肥・中熟堆肥　どちらも堆肥の完成品の呼び方。水分を加えても発酵熱を出さないほど有機物の分解の進んだ堆肥を本書では完熟堆肥と呼ぶ（C／N比が二五以下の場合のみ）。

これに対し、完熟堆肥になる前の段階で、堆肥中の微生物の種類・数がもっとも多く、同時に微生物のエサとなる分解途中の有機物の量も多い状態の堆肥を中熟堆肥と呼ぶ。中熟堆肥の状態でさらに発酵を続ければ、完熟堆肥になる。本書で単に堆肥という場合は、中熟堆肥を意味することが多い。

乾土効果　土が乾燥したあとに水を入れるとチッソ肥効が現われる現象のことで、水田でよく見られる。土に含まれている有機物の量や気象条件などによって、乾土効果の発現は異なる。秋から春にかけて、耕耘後に好天が続いたような場合は乾土効果が大きく現われる。有機物の多い水田では元肥チッソ量を減らす必要がある。

通常は、田植え前の「土の乾燥―入水」に伴って現われるが、中干しを強く行なった後の入水による乾土効果によって肥効がぶり返し、イネの生育を乱すこともある。

キレート　構造的にミネラルを抱え込むことのできる化合物のこと。腐植酸や有機酸、糖類などにこのような性質をもったものがある。このようなキレートをつくることのできる化合物は、土壌中で不溶化している金属ミネラルを抱え込んで、水に溶けやすくし、植物が吸収しやすい形にすることができる。キレートの語源は、ギリシャ語で「かにのはさみ」という意味。

ケイ酸植物　植物は一定の体形を保持することが必要で、カルシウムとケイ酸は、その化学的性質から体形を保持する組織をつくるのに利用されている。植物のからだのなかのケイ酸含量が多く、ケイ酸を多く吸収することで植物の生育がよくなるような植物を、石灰植物と対比してケイ酸植物という。イネは代表的なケイ酸植物で、吸収されたケイ酸は表皮にケイ化細胞となって蓄積し、病害虫の侵入・加害を防ぎ、同時に倒伏を防ぎ、受光態勢が悪化するのを抑える働きをする。なお、ケイ酸の蓄積は地上部では多いが、根では多くはない。

限界チッソ点　分けつが発生しなくなる土壌中のチッソ量（濃度）のこと。分けつの発生はイネの体内のチッソ濃度によるが、施肥を考えるうえでは、土壌中にチッソがどのくらいあるか、残っているかを考えるほうがわかりやすいので便宜上、つくった用語のひとつ。

たとえば分けつが増加し、元肥で施用した土壌中のチッソが限界チッソ点まで減少すると、分けつの増加が止まることになる。また、穂肥の一回目と二回目の間隔が短いと、二回のチッソが合算されて限界チッソ点以上になり、分けつ発生がぶり返して、イネの生育を乱すことがある。このようなときに限界チッソ点をイメージしておくことで、施肥の基本的な考え方がわかる。

光合成　植物が、大気中の二酸化炭素と根から吸収した水から太陽の光エネルギーを利用して炭水化物（有機物）を合成し、その副産物として酸素を放出する反応をいう。炭酸同化作用ともいう。もう少し詳しくいうと、植物は太陽の光エネルギーで、吸収した水を分解して電気エネルギーを取り出し、酸素を放出する（明反応）。葉緑素は光エネルギーを電気エネルギーに換える変換器ということになる。そして、取り出した電気エネルギーを使って二酸化炭素から炭水化物をつくる（暗反応）。植物はこの反応（光合成）によってつくられた炭水化物をもとに、からだをつくり、エネルギーを得て、生長していく。光合成なしでは、植物はもとより地球上の動物も生きていくことはできない、もっとも根源的な化学反応。

酵素　生体内のある特定の化学反応（生化学反応）をスムーズに進めるために関わっている生体関連物質のこと。酵素は、生物の活動のあらゆる場面に関与しており、ある生化学反応にはある酵素というようにその反応を選択的に進める。酵素があることでその生化学反応が数百万倍以上に加速することもある。タンパク質からできており、ミネラルを含んでいるものも多い。タンパク質を分解するプロテアーゼ、デンプンを分解するアミラーゼ、キチン質を分解するキチナーゼなども酵素である。有機物が微生物によって発酵分解されるときも酵素が関与している。

酵母菌処理・酵素処理　タネモミに付着している病原菌を除去するために行なう農薬を使わない種子消毒の方法のひとつで、酵母菌のタンパク質分解力の強さを生かした微生物的な殺菌方法が酵母菌処理、この酵母菌の酵素を取り出して製品化した生化学的な殺菌方法が酵素処理である。酵母菌はカビなどのからだを、もっている酵素で分解することができる。酵母菌を加えたぬるま湯に、タネモミを一昼夜ほど漬け込んでおくことで、タネモミに付着している病原微生物を分解、死滅させることができる。酵母菌はパン酵母（イースト）でもよい。温度の管理、作業時間などきちっと守らなければならないことの多い温湯処理に比べて、取り組みやすいのが長所である。酵素処理も取り扱い・用法の基本は同じである。

さ行

C／N比　有機物中の炭素（C）とチッソ（N）の割合（C÷N）をいう。炭素率ともいう。「シーエヌ比」と読む

　C／N比は有機物の特徴を示しており、オガクズやバーク、モミガラ、ワラといったセンイ質のものはC／N比が高いのに対して、大豆かすや魚かすといったタンパク質（チッソ）を多く含んだ有機物はC／N比が低い。チッソが多い有機物ならC／N比は低く、少なければC／N比は高い、と考えてよい。堆肥やアミノ酸肥料（発酵肥料）などをつくるとき

には、原料のC／N比が適当な値の範囲内でなければ、良質なものをつくることはできない。

また、作物の生育をC／N比で見ると、チッソをたくさん吸収して、からだ・葉を大きくする初期から、葉でつくられた炭水化物を蓄積していく中期、そしてその炭水化物で子孫を残していく後期と、C／N比は小さい値から大きな値に変化している。そこで、そのC／N比の変化にあわせて施肥するというのも有機栽培の考え方の基本である。

収量構成　イネの収量がどのような要素によって構成されるか（決まるか）を示したもの。イネの収量（反収：kg）は、坪当たりの穂数（本）×平均一穂モミ数（粒）×登熟歩合（%）×千粒重（g）÷一〇〇〇÷一〇〇×三〇〇（坪）である。この式の穂数や一穂モミ数、登熟歩合、千粒重を収量構成要素と呼ぶ。収量をこのような要素に分解してみることで、減収や増収の要因を知ることができる。

受光態勢　植物の生長や作物の収量などは、光合成によってつくられる炭水化物の量によって決まる。そして、この炭水化物の生産量は、植物の姿勢や姿に基づいた光の利用効率によって異なる。このような光を受け止める植物の姿勢・姿を受光態勢という。

たとえば、葉の大きさ、枚数が同じでも、葉がピンと立っているイネのほうが、だらんと垂れているイネより光合成の生産量は多い。光合成は光を受ける葉の角度や配置などによって異なり、このようなことを受光態勢のよしあしとして表現する。この受光態勢は、坪当たりの植込み株数や一株の植込み苗数、元肥の量、追肥の時期や量などによって大きく変わり、収量や品質に直結することも多い。イネつくりのもっとも基本であり、どのようにして受光態勢を維持するかは栽培技術上の大きな課題である。

白い根・白い根イナ作　土壌pHが低い田んぼでは、土壌中から鉄が過剰に溶け出し、その鉄がイネの根から放出される酸素と化合して、根のまわりに赤い酸化鉄の被膜をつくる。イネの根は通常、このように赤い根をもつ。

しかし、石灰や苦土を施用して土壌pHを六・五前後になるようにすると、鉄の過剰な溶け出しが抑えられて、イネの根は白いままの状態になる。白い根のイネでは、根に酸化鉄の皮膜がないために、養水分を十分吸収することができる。同時に、根まわりに酸素が十分あるために有用微生物が増殖し、さまざまな機能性物質をつくりだし、イネはそれらを吸収することができる。

白い根を維持し、アミノ酸肥料を的確に施用することで、多収、高品質、良食味のコメつくりが可能になる。このため、私の勧めるイネの有機栽培は、「白い根イナ作」と呼ばれることがある。

施肥設計ソフト　筆者がマイクロソフト社製のパソコンソフト・エクセルで開発したソフト。施肥設計ソフトでは、土壌分析結果を入力することで、分析した土の肥料養分の過不足を知ることができ、同時に施用すべき肥料養分の量を知ることができる。入手法、使い方は前著「有機栽培の基礎と実際」の付録を参照するか、（株）ジャパンバイオファームのホームページ（http://www.japanbiofarm.com/）にアクセスしてほしい。なお、育苗培土用の設計ソフトもあるので、問い合わせいただきたい。

千粒重　玄米一〇〇〇粒当たりの重さのこと。収量構成要素のひとつ。有機栽培を的確に行なえば、栽培している品種とは別の品種と思えるくらい、粒張りのよいプリプリのコメになる。そのようなコメでは千粒重も一g以上高くなることも多い。

た行

炭水化物　ブドウ糖など（単糖）を構成成分とする有機化合物の総称。その多くは分子式が$C_mH_{2n}O_n$、つまり$C_m(H_2O)_n$で表わすことができる。炭素Cと水H_2Oの化合物のように見えるので炭水化物と呼ばれる。糖質ともいう。

植物が光合成によってつくった炭水化物（ブドウ糖）は、植物のからだ（センイや細胞）をつくる原料になるのと同時に、植物が活動するエネルギー源ともなる。有機栽培で使うアミノ酸肥料や堆肥は、根から吸収されやすい炭水化物をもっている。土に施用することで、植物は根からも炭水化物を吸収することができる。つまり、有機栽培を行なうことで、植物は光合成でつくる炭水化物と、根から吸収した炭水化物の両方を利用することができる。

このように有機栽培では、作物は炭水化物を多く手にすることができるので、その炭水化物でセンイを強化して病害虫に強いからだをつくり、根酸を増やしてミネラルの吸収量を増やし、収量・品質・栄養価を高めることができる。

チッソ茎数　有機栽培をする際に、田んぼごとにどのように元肥チッソ量を決めればよいかのひとつの指標で、施肥した元肥チッソ一kg当たりの穂数をいう。田んぼのもっている力の目安になる。実際の一株穂数を元肥チッソ量で割った数値で、同じ二四本の穂数を得るのに元肥チッソが八kgと六kgでは、チッソ茎数はそれぞれ三と四になるので、元肥チッソ六kgの田んぼのほうが力があることになる。このようなチッソ茎数を求めて、次作の元肥量を決めることができる。

中熟堆肥 ⇒ 完熟堆肥、中熟堆肥

登熟歩合 イネの穂についているモミすべてにコメ粒が入るわけではない。コメ粒のまったく入っていないシイナもあれば、充実不足の小米もある。そこで、着いているモミ数のうち、ちゃんとしたコメ粒（整粒）がどの程度の割合で入っているかを示すのが登熟歩合である。収量構成要素のひとつ。

いくらたくさんのモミを着けても、コメ粒がしっかり入らなければ小米ばかりのコメつくりになってしまう。登熟歩合の向上には、受光態勢をよくする、倒伏させないといった手立てがポイントになる。登熟歩合の向上なしに、増収や食味の向上もない。

は行

発酵・腐敗 微生物が有機物を分解して別の物質に換えていくとき、人間や作物にとって有用な物質をつくり出すことを「発酵」といい、反対に有害なものをつくり出すことを「腐敗」と呼ぶことにする。

表層剥離 代かき後の田んぼで、表面の土がうすくはがれて浮かび上がる現象のこと。藻類が増殖して粘着物質を出して表面の土を固め、さらに光合成で生じた酸素が裏側にたまって浮き上がるといわれている。水温が上昇してくると多くなる。

浮き上がった土が苗を押し倒したり、地温の上昇を妨げたりする。秋処理によってワラの分解が進んでいると、この表層剥離が少なくなる傾向が見られる。

微量要素・有用元素 肥料の三要素であるチッソ、リン、カリに加えてカルシウム（石灰）、マグネシウム（苦土）、イオウの六つの元素は、植物に含まれている量が多く、植物が健全に生長するためには肥料養分のなかでも特に多く必要とすることから多量要素と呼ばれている。

また、植物が生長するのに必須の元素ではあっても、その必要量が比較的少ない元素を、微量要素という。現在、微量要素としては、鉄、マンガン、ホウ素、亜鉛、銅、モリブデン、塩素、ニッケルが認められてい

る。これらは、タンパク質と組み合わさって酵素などをつくり、作物の代謝に重要な役割を果たしている。日本ではホウ素とマンガンで微量要素欠乏をおこしやすいといわれているが、その他の成分の手当てが必要な場面も多い。ただし、過剰症もおこしやすいので、施用量には注意が必要である。

　また、特定の条件や作物に対して生育によい影響を与える元素を有用元素と呼び、イネにとってはケイ素（ケイ酸）がこれにあたる。

腐植酸　土壌中の有機物が微生物によって分解される過程でできる有機酸を中心とした集合体。土壌団粒や地力を形成する重要な物質で、原料は炭水化物。デンプンやセンイが糖に分解され、さらに糖が分解されて有機酸になる。その有機酸の集合体と考えてよい。

プール育苗　地面を均して平らにし、シートを敷いて水をためるプールをつくり、そこに育苗箱を並べて行なう育苗方式のこと。出芽から一葉半あるいは二葉頃までは通常の畑育苗の管理をするが、その後はプールに水をためて水苗代のように管理する。水の中なので病害虫に強く、また容易に水を深くすることができるので低温のときにも対応しやすい。総じて、管理もラクで、病虫害にかかりにくい健苗を育成することができる。ただし、水温が高くなりすぎて徒長することがあるので注意する。

腐敗　⇒　発酵・腐敗

ま行

ミネラル　有機物を構成している炭素・水素・チッソ・酸素以外の生体にとって欠かせない元素のこと。植物の種類や生育段階によって必要な種類や量は異なることが知られている。植物のからだをつくったり、さまざまな体内の化学反応になくてはならない。欠乏すると生育が妨げられるが、多すぎても過剰症をおこすので、施用量には注意が必要になる。

ミネラル肥料　石灰や苦土はこれまで酸性土壌を改良する資材（土壌改良材）として使われることが多かった。しかしミネラルは本来、植物にとって必要不可欠な肥料養分である。土壌改良材的な位置づけではなく、作物が必要とする量を知り、土にどのくらいあるかを知って、必要量を施す、という見方でミネラルをみたときの名称。有機栽培では根の活力が増し、土壌中のミネラルの吸収・消耗も早い。ミネラルをきちんと肥料として位置づけることなしに、安定した有機栽培を続けることはできない。

や行

有機栽培・化成栽培　有機物を発酵させて肥料とする栽培方法を有機栽培といい、化学肥料（化成肥料、高度化成、単肥など）を使う栽培方法を化成栽培という。一般には発酵を経ない有機質肥料でも、有機物を肥料として使えば有機栽培と呼ぶことが多いが、本書で勧めている有機栽培は、有機質を発酵させた堆肥やアミノ酸肥料、そしてミネラル肥料を使う方法を指す。

有効茎歩合　イネは新しい葉を伸ばしながら、同時に分けつ数を増やしていく。そして、出穂期に、その分けつから穂を出す。しかし、すべての分けつが穂を出すわけではなく、穂を出さずに枯れていく分けつもある。発生した分けつのうち、穂になった数の割合を有効茎歩合という。穂を出す分けつを有効茎、有効分けつと呼び、穂を出さないで枯れていった分けつを無効茎、無効分けつという。

葉緑体・葉緑素　植物がもっている緑の色素を葉緑素といい、その葉緑素を含んだ細胞のなかの器官を葉緑体という。光合成を行なう植物のもっとも基本的な器官である。葉緑素はクロロフィルともいい、凧の様な形をしている有機物である。凧の本体は、苦土（マグネシウム）を中心に、そのまわりを四つのチッソが囲んでいる。葉緑体は、この葉緑素を多数アンテナのように並べて、光のエネルギーを効率よく受けとめられるような構造になっている。葉緑素は光エネルギーを電気エネルギーに換え、その電気エネルギーで炭水化物をつくり出すことができる。エネルギー変換器であり、炭水化物合成器官でもある（⇒光合成）。

ら行

硫化水素　田んぼのような嫌気的な環境の中で、硫安や硫酸カルシウム、硫酸苦土などのイオウ（硫酸根）を含んだ物質が微生物によって分解されて発生する、水に溶けやすい有毒物質。

硫化水素が発生しても赤い根のイネは、根の被膜となっている酸化鉄によってこの硫化水素を一時的に無害化することができるが、鉄が十分ない田んぼ（老朽化水田）では根が腐って大幅な減収となる。

また、酸化鉄の皮膜のない有機栽培の白い根イネでは、硫化水素を無害化する術をもたないので、硫化水素は最悪の有害物質となる。このため、有機栽培では、土の中にイオウを含んだ物質をできるだけ入れないようにすること、有機物の分解を春までにできるだけ進めておくことが大切になる。

わ行

綿根　最高分けつ期前後になると、それまで伸びていた一次根（冠根）から枝分かれした細い二次根が発生する。この根は綿のように細いので、綿根と呼んでいる。綿根が伸び出すということは、一次根のまわりの肥料養分が吸収されて、少なくなったためである。綿根が伸び出すということは土の中のチッソが限界チッソ点に近づき、イネの生長が栄養生長から生殖生長に切り替わることを示している。

有機栽培では苦土などのミネラル肥料もしっかり施用しているので、イネの葉色は濃く経過するため、葉色の変化で穂肥の時期を判断することはむずかしい。そこで、生殖生長への切り替えを示す綿根の発生を見て、穂肥時期と判断している。

著　者　**小祝　政明**（こいわい　まさあき）

1959年，茨城県生まれ。大学の外国語学部と，さらに農業関係の大学で学んで現場に。その後オーストラリアで有機農業の研究所に勤務して，帰国。

現在は，有機肥料の販売，コンサルティングの㈱ジャパンバイオファーム（長野県伊那市）代表を務めながら，経験やカンに頼るだけでなく客観的なデータを駆使した有機農業の実際を指導している。

著書に『有機栽培の基礎と実際』，『小祝政明の実践講座1　有機栽培の肥料と堆肥』（ともに農文協）がある。

編　集　**本田　耕士**（柑風庵　編集耕房）

小祝政明の実践講座2

有機栽培のイネつくり――きっちり多収で良食味

2008年10月31日　第1刷発行
2024年5月20日　第9刷発行

著者　小祝政明

発行所　社団法人　農山漁村文化協会
住　所　〒335-0022　埼玉県戸田市上戸田2-2-2
電　話　048(233)9351(営業)　048(233)9355(編集)
FAX　048(299)2812　振替　00120-3-144478
URL　https://www.ruralnet.or.jp/

ISBN978-4-540-07145-4
〈検印廃止〉

Printed in Japan

DTP制作／(株)新制作社
印刷／(株)新協
製本／根本製本(株)
定価はカバーに表示

農文協の図書

あなたにもできる
無農薬・有機のイネつくり
多様な水田生物を活かした抑草法と安定多収のポイント
民間稲作研究所責任監修・稲葉光國著
2200円＋税

①田植え三〇日前からの湛水と深水、②4・5葉以上の成苗を移植、③米ヌカ発酵肥料（ボカシ肥）の利用がポイント。基本を守れば労力・経費をかけず、安全でおいしい米が安定多収できる。失敗しない抑草法、栽培の実際を紹介。

農家が教える
イネの有機栽培
緑肥・草、水、生きもの、米ぬか…田んぼとことん活用
農文協編
1143円＋税

レンゲ・菜の花、不耕起・半不耕起、米ぬか・くず大豆などの活用、話題の布マルチ、多品種混植栽培、タネモミの温湯処理、プール育苗、薬剤に頼らぬ除草法など実践農家の知恵を集大成。福岡正信、川口由一両氏も登場。

除草剤を使わないイネつくり
二〇種類の抑草法の選び方・組み合わせ方
民間稲作研究所編
1857円＋税

合鴨、鯉、紙マルチ、草生マルチ、活性炭マルチ、代かき法、米ぬかの散布、緑肥の表層すき込み、深水栽培、中耕除草法など、二十数種の抑草法の特徴と、雑草の種類と発芽・生育特性に合わせた選び方、組み合わせ方。

だれでもできる
イネのプール育苗
ラクして健苗
農文協編
1500円＋税

簡易な水槽（プール）に育苗箱をおくだけで成苗ポットから乳苗まで誰でも簡単に良苗ができる。今注目のイネ育苗技術をわかりやすく解説。農家の技術に学ぶビギナーシリーズの一冊。熟年後継者や新規就農者に最適。

減農薬のための田の虫図鑑
害虫・益虫・ただの虫
宇根豊・日鷹一雅・赤松富仁著
1943円＋税

害虫だけでなく、益虫（天敵）・ただの虫たちの田の中での生活をカラー写真で紹介。これらの虫たちの世界を知らずして減農薬稲作は不可能。小中学生の栽培学習にも必携。

（価格は改定になることがあります）